아이를 위한
돈의 감각

아이를 위한

평범한 부모라서 가르쳐 주지 못한 6단계 경제 습관

돈의 감각

베스 코블리너 지음 이주만 옮김

다산
에듀

● 일러두기

한국 독자들의 이해를 돕기 위해 필요한 부분은 달러를 원화로 환산하여 표기했으며,
미국 경제 지표는 한국 자료로 대체했습니다.

　지금은 40대가 된 내 친구 카렌은, 자신이 어렸을 때 엄마에게 아기가 어떻게 태어나는지를 물어봤던 이야기를 자주 한다. 카렌의 엄마는 평소에는 수다스러웠지만, 카렌이 그 질문만 하면 자리에서 벌떡 일어나 고기 찜 요리가 큰일 났다는 등 종잡을 수 없는 말을 하며 부리나케 방에서 나가셨다고 한다. 이튿날 카렌의 머리맡에는 새와 벌의 생태에 관한 이야기책이 놓여 있었고, 그 뒤로 카렌은 엄마에게 그 주제에 관해 두 번 다시 묻지 않았다고 한다.

　어느새 세 아이의 엄마가 된 카렌을 떠올리면 살짝 웃음이 난다. 카렌은 엄마와 자녀의 대화가 이런 식으로 진행되는 것을 결코 용납하지 못하는 엄마가 되었기 때문이다. 성교육의 중요성, 알코올의 위험성, 안전벨트의 필요성 등 요즘 부모들은 그 어떤 주제라도 자녀와 대화를 나눌 때 단어를 신중하게 선택하긴 하지만 되도록 정확한 사실을 알려 주려고 노력한다.

그러나 돈 문제에 관해서라면 이야기가 다르다. 자녀가 이 주제만 꺼내면 대부분의 부모는 어쩔 줄 몰라 한다. 보통은 거짓말을 하거나("미안하구나, 애야. 엄마가 지갑을 놓고 와서 사 줄 수가 없네.") 걱정을 하거나("너의 학자금대출을 갚을 수 있을까?") 할 일을 뒤로 미룬다 ("다음 달까지 체계적인 용돈 계획을 세워 보마."). 그리고 예산에 관한 이야기부터 저축과 투자의 기본 지식, 개인의 신용등급과 부채를 관리하는 법 등등 재정적인 삶에 관해 자녀에게 가르치지 않고 그 문제를 피하려고만 한다.

당신의 자녀가 은행에 직접 간 게 언제였는지 정확히 기억하는가? 성인이 된 이후로 개인의 재정 관리에 관한 글을 쓰며 살아온 나는 부모들이 자녀들과 돈 문제를 이야기하지 않는 이유에 대한 나름의 이론이 있다. 부모들은 대체로 그들 역시 이 주제를 제대로 모른다고 생각하기 때문에 이 주제를 언급하기만 해도 큰 불안을 느낀다. 이를테면 자신이 혹시 잘못 가르쳐서 자녀가 빚더미에 오르지는 않을지 염려하는 것이다. 어떤 부모들은 본인들의 재정 관리가 엉망인 것을 부끄러워하며 자녀들이 자신의 치부를 알게 될까 봐 두려워한다. 심지어 재정 관리를 상당히 잘 해내고 있는 부모들조차 자녀와 금전 문제를 이야기하기를 매우 어려워한다.

연구 조사에 따르면 자녀의 경제 습관에 가장 큰 영향을 미치는 요인은 부모다. 이런 점을 고려해도 부모가 돈 문제에 관해 자녀와 이야기하길 꺼린다는 것은 문제가 아닐 수 없다. 아이가 학교에 들어가기 전부터 돈과 관련된 주제로 부모와 대화하는 것은 매우 중요하다. 영국 케임브리지대학교의 한 보고서에 따르면 돈 관리에 유용한 많은 습관이 일곱 살이 되면 이미 자리를 잡는다고 한다.

지난 30년간 나는 많은 부모에게 자녀의 경제 교육에 관해 이야기했고, 그보다 더 많이 그들의 이야기를 들었다. 드라마 「세서미 스트리트」 촬영장에서 엘모에게 저축을 가르쳤으며, 월스트리트에서 근무하며 그 분야 최고의 전문가들에게 금융과 투자를 배웠다. 또한 대통령자문위원회의 일원으로 버락 오바마 대통령에게 미국 청년층의 재무역량 강화를 위한 자문을 제공했으며, '머니 애즈 유 그로우Money as You Grow' 사업을 주도하며 학부모들에게 자녀들이 연령별로 알아야 할 돈 문제가 무엇인지 안내했다. 이 일을 하면서 나는 날로 복잡해지는 주제를 따라잡으려고 금융 분야는 물론 행동경제학과 사회심리학 분야의 연구 및 보고서들을 탐독했다.

이와 동시에 나는 수많은 가족의 사연을 듣고, 그들(부모와 자녀들)과 대화를 나누었으며 그들의 이야기를 이 책에 반영했다. 이미 알고 지냈던 친구들의 이야기도 있고, 조사하며 알게 된 사람들의 이야기도 있다(대부분의 사례에서는 가명을 썼으며 개인정보보호를 위해 일부 정보는 변경했다). 각 가정에서 금전적 문제를 어떻게 다루는 지를 들으면서 얻게 된 통찰은 학술적 연구만큼이나 귀중했다. 그 결과물이 바로 이 책이다.

나는 이 책에 부모가 자녀에게 가르쳐야 할 교훈을 담았으며, 자녀의 연령은 유아기, 초등학생, 중학생, 고등학생, 대학생, 사회 초년생과 같이 6단계로 분류했다. 이 책은 재정의 기본 개념과 함께 돈과 관련한 여러 문제를 다루는 실질적인 정보를 담고 있다. 이 책을 읽으면 용돈 교육이 경제 교육의 전부가 아니라는 사실과 방과 후 아르바이트가 좋은 해결책이 아닐 때도 있다는 사실을 알게 된다. 자녀의 적절한 신용카드 발급 시기와 계산대 앞에서 떼 쓰는 유아기 자녀에게 굴복하면 훗날 그 아이가 어른이 됐을 때 신용카드를 남용할 가능성이 높아지는 이유, 자녀에게 용돈을 현금으로 주는 것이 올바른 경제 교육의 토대인 이유까지도 알게 될 것이다.

이 책에서는 자녀에게 노동의 가치를 일깨우고, 자신이 번 돈을 더 많이 저축하는 습관을 키우기 위해 부모가 해야 할 일들을 자녀의 연령별로 구체적으로 제시한다. 또한 대학 학자금 마련 방법을 자녀가 알아듣기 쉽도록 이야기하려면 어떻게 해야 하는지, 어째서 자녀가 고등학교에 들어가자마자 이 문제를 이야기해야 하는지 그 이유를 설명할 것이다.

개인의 위기감이 지금처럼 고조된 적은 없었다. 의료보험에서 퇴직연금에 이르기까지 개인의 재정 문제와 관련해 '제 살길을 스스로 찾아야 한다'는 기조가 팽배해 있다. 그래서 일찍부터 아이에게 돈을 다루는 기술을 가르치는 일이 그 어느 때보다 중요해졌다. 부모 세대도 더 이상 자녀 세대의 가능성에 대해 예전처럼 낙관하지 않는다. 과거에는 자녀 세대가 부모 세대보다 더 잘살게 되리라는 믿음으로 지탱해 왔지만, 요즘 여론조사를 보면 대다수 부모는 정반대로 답하고 있다. 자녀가 부모 세대들보다 잘살게 될 거라는 기대를 접었다. 따라서 어릴 때부터 좋은 경제 습관을 심어주는 것이 앞으로 자녀가 경제적으로 안정된 삶을 사느냐, 아니면 불안정한 삶을 사느냐를 결정지을 수도 있다.

독자 중에는 여전히 자신의 자녀를 돈 감각 있는 아이로 키울 수 있다는 것에 확신을 갖지 못하는 사람도 있을 수 있다. 그러나 당신과 자녀는 해낼 수 있다. 이 책에 제시한 6단계 경제 교육법을 차근차근 따라 한다면, 당신의 아이는 또래보다 훨씬 뛰어난 돈 감각을 지닌 아이로 자랄 것이다.

개인 재정 관리 분야의 전문가들이 누설하지 않는 비밀이 하나 있다. 재정 관리를 하는 데 꼭 알아야 하는 중요한 개념은 몇 개 되지 않는다는 사실이다. 경제적으로 크게 성공하고 똑똑한 사람들은 이 사실을 잘 알고 있다. 하지만 모든 산업계가 나서서 평범한 사람들과 그의 자녀들이 이 원칙을 등한시하도록 세뇌하고 있다는 데 문제가 있다. 아이들에게 최신 스니커즈나 비디오게임이 필요하다고 설득하는 마케팅 업체든 현금이 부족한 대학생들 앞에서 신용카드 발급을 권유하는 카드사든, 장사꾼들은 우리가 저축 습관을 길러야 한다는 상식을 외면하도록 유인한다. 그들은 자신들의 지갑을 두둑이 채우는 데만 관심이 있을 뿐 소비자의 지갑은 안중에도 없다.

그러나 부모들에게 희소식이 있다. 부모가 돈 관리의 귀재가 아니어도 아이는 돈 관리의 귀재로 키울 수 있다. 재정 상황이나 소득수준을 막론하고 이 책은 부모들에게 언제나 유용한 재정 상식을 전달하는 길잡이가 되어 줄 것이다. 또한 이 책은 자녀들의 경제 교육에 관한 다양한 정보는 물론, 돈 문제와 관련해서 자녀가 평생 써먹을 수 있는 다양하고 구체적인 요령도 제공하는 인생 바이블이다. 이 책에 담긴 실질적인 전략들을 따른다면 여러분의 자녀는 그들의 나이보다 더 성숙하게 삶을 이끌어 갈 수 있다.

이 책을 자녀와 함께 사용하는 교재로 쓰는 것을 추천한다. 다만 한 가지 당부할 게 있다. 이 책을 그저 자녀의 머리맡에 슬며시 두고 오는 것은 금물이다. 자녀가 혼자 이 책을 읽고 교훈을 알아서 습득하도록 내버려 두면 안 된다는 뜻이다. 이 책이 돈 문제에 관해 자녀와 대화를 시작하는 촉매제가 되겠지만 실제로 대화를 나누는 것은 부모의 몫이다. 자, 그럼 시작해 보자.

24yrs old

20yrs old

17yrs old

14yrs old

8yrs old

4yrs old

차례

들어가며 005

1부

원칙

돈 교육을 시작할 때 부모가 알아두어야 하는 것

2부

저축

원하는 것을 얻기 위해
인내하는 아이들의 비밀

3부

소비

똑똑하게
돈 쓰는 습관의 힘

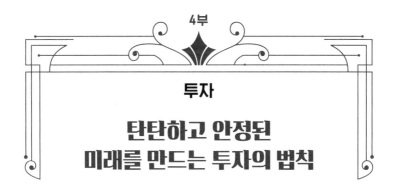

4부

투자

탄탄하고 안정된
미래를 만드는 투자의 법칙

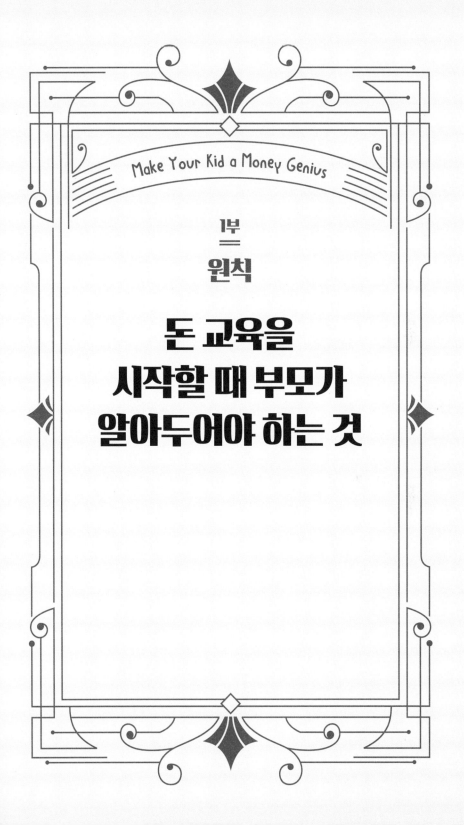

Make Your Kid a Money Genius

1부
=
원칙

돈 교육을
시작할 때 부모가
알아두어야 하는 것

1장

자녀에게
돈 이야기를 꺼낼 때
고려해야 하는
14가지 원칙

당신의 손에 이 책이 들려 있다면 자녀에게 돈 이야기를 해야 한다는 사실을 스스로 알고 있다는 뜻이다. 이 주제에 흥미가 있는 사람이든 두려움을 느끼는 사람이든 아니면 자녀에게 돈 이야기를 꺼내는 방법에 대한 정보가 필요한 사람이든 모두 책을 제대로 골랐다고 말하고 싶다.

이번 장에서는 우선 자녀와 돈에 관한 이야기를 나누는 데 유용한 기본 개념과 맥락을 몇 가지 소개하고자 한다. 자녀의 연령, 관심도, 성별에 따라 적용되거나 그렇지 않은 부분도 있을 테니 여기에 나오는 조언을 모두 암기하려고 독하게 마음먹을 필요는 없다. 지금은 손에 쥐고 있던 펜을 잠시 내려놓고 가볍게 한번 읽어 보자.

아무 맥락도 없이 자녀를 붙들고 불쑥 돈 이야기를 꺼낼 수는 없다. 돈 이야기는 오히려 평범하고 자연스러운 일상 대화에서 무심코 화젯

거리에 오르는 경우가 많다. 아래에 제시한 조언이나 책 전반에 걸쳐 제시한 조언은 이런 기회를 활용하는 데 도움이 되는 것들이다. 판에 박힌 말일 수 있지만, 특히 돈에 관한 한 이렇게 일상에서 맞닥뜨리는 학습의 기회를 활용할 때 학습효과가 가장 좋다. 자녀들과 함께하는 일상생활에서 학습의 기회를 포착해야 한다.

원칙 1   경제 교육은
일찍 시작할수록 좋다

미국 위스콘신대학교 매디슨 캠퍼스 연구진에 따르면 대체로 세 살이 넘으면 매우 기초적인 방식이지만 돈의 가치나 교환과 같은 경제 개념을 이해할 수 있다고 한다. 아울러 아이들은 자신의 즉각적인 만족을 뒤로 미루고 다른 무엇을 선택할지 말지도 판단할 수 있다. 기본적인 수준이지만 이런 개념들은 모두 일상에서 '돈이 수행하는 역할'을 이해하는 데 중요하다. 시중에는 베이비 모차르트 시리즈 같은 유아용 경제 교육 비디오라든가 워런 버핏처럼 생긴 인형의 배를 꾹꾹 누르면 "저가에 사서 고가에 팔아요"라고 조언하는 식의 유아들을 위한 경제 교재는 없다. 그렇다고 어릴 때는 경제 교육에 신경 쓰지 않아도 되는 건 아니다.

어린아이들은 호기심이 왕성하며 어른들의 생각보다 많은 것을 이해할 수 있다. 어린 자녀가 장난감 신용카드를 긁는 모습을 보거든, 또는 현금인출기 버튼을 눌러 보고 싶다고 부탁하거든, 아니면 그저 당신의 지갑을 가만히 바라보거든 '이런 어린아이에게 무슨 돈 이야기…' 하며 웃어넘기지 말고, 돈이 어디서 나오고 물건값은 어떻게 지불하는지에 대해 이 책에서 소개하는 기본 개념으로 가르쳐 보자. 아이가 그 내용을 모두 이해하지는 못해도 부모가 뭔가 중요한 사실, 그러니까 어른들이 중요하게 여기는 것에 대해 이야기하고 있다는 사실은 알아듣는다. 그리고 아이는 이미 부모가 생각하는 것보다 더 많은 정보를 흡수했을 가능성이 높다.

원칙 2 자녀의 연령에 맞게 가르치라

돈에 관해서라면 사실 그대로 말하는 것이 좋지만, 자녀의 수준에 맞춰 메시지를 조절해야 한다. 만약 당신이 회사에서 해고를 당했고 자녀가 초등학생이라면 "이제부터 외식은 자주 하지 못할 거야. 외식은 집에서 요리해 먹는 것보다 돈이 더 들기 때문이야"라고 말해 주는 것은 괜찮다. 하지만 퇴직연금까지 해약해서 생활비를 충당하고 있는 형편이라고까지 자세히 설명할 필요는 없다.

그러나 만약 자녀가 고등학생이라면, 당신의 해고로 인해 정기적인 소득이 없어져 등록금 마련에 차질이 생길 거라는 사실을 설명해도 좋을 뿐만 아니라 그렇게 하는 편이 현명하다. 대학 학비를 전액 지원하지 못할 수도 있는 상황을 솔직히 전달하되, 정부 제도를 이용해 학비를 지원받을 수 있다는 점도 설명하자. 보통 돈 문제로 어려움이 생겼을 때는 자녀에게 사실대로 이야기하는 게 좋지만, 동시에 문제를 잘 해결할 수 있다고 자녀를 안심시키는 것 또한 중요하다.

원칙 3 구체적인 사례를 들어 설명하라

잔소리나 설교조로 말하면 자녀들은 귓등으로 듣기 마련이다. 자녀를 무시하듯 거만하게 말하는 태도는 더 나쁘다. 이 경우에는 의도가 아무리 좋아도 역효과를 내기 십상이라 부모가 바라는 것과는 정반대의 결과를 초래할 수 있다. 재밌는 에피소드를 동원해 자녀에게 하고 싶은 말을 효과적으로 전달해야 한다.

내 친구 중에는 한 달가량 유럽 여행을 다니면서 신용카드 대출을 너무 많이 받는 바람에 이듬해 자동차를 살 때 하는 수 없이 고금리 대출을 받아야 했던 친구가 있었다. 나는 아이들에게 이 친구의 사례를 자세히 들려주었다. 재정적으로 실수를 범하면 어떤 결말이 초래되는지 잘 보여 주는 실제 사례는 아이들의 뇌리에 오래 남는다. 10년간 급여의 1퍼센트를 꼬박꼬박 저축한 이웃이 마침내 꿈에 그리던 보트를 구입했다는 훈훈한 이야기도 마찬가지로 효과가 좋다. 어떤 이야기를 활용하면 좋을지 감이 잡히는가?

원칙4 구체적인 수치로 설명하라

돈 개념은 구체적인 숫자를 들어 설명하면 자녀들이 더 쉽게 이해한다. 가령 "젊어서부터 퇴직연금에 돈을 부어 두는 것이 중요하다"라고 설명하기보다 구체적 사례를 드는 게 훨씬 효과적이다. "만약 네가 22세 때부터 매달 50만 원을 금리 3퍼센트짜리 적금에 넣는다면 3년 뒤에는 1800만 원이 넘는 돈을 갖게 된다"라고 구체적인 수치로 설명한다면 일단 1800만 원이라는 숫자를 듣는 순간 자녀의 눈이 반짝반짝 빛날 것이다. 구체적인 숫자를 어떻게 제시해야 할지 모르겠다면 이 책에서 예시로 제시하는 몇 가지 사례를 활용하거나 포털사이트의 온라인 이자 계산기를 이용하는 방법을 추천한다. 나도 이자 계산기를 이용해 위에서 제시한 수치들을 찾아냈다. 그리 어렵지 않으니 여러분도 충분히 할 수 있다.

원칙 5 자녀에게 모든 사실을
공유할 필요는 없다

부모들도 신용카드 빚을 많이 지거나 계좌 잔고가 부족했거나 어쨌든 돈 관리를 잘못해서 난처했던 적이 한두 번 정도는 있을 것이다. 그러나 과거에 무책임하게 행동했던 것에 대한 죄책감을 떨치려고 금전 관리에 실패했던 경험을 자녀에게 전부 털어놓는 것은 바람직하지 않다. 자녀는 금전 문제에 대해 부모에게 조언할 수 있는 상담가가 아니다.

금전적 실패에 대해 자녀들에게 질문을 받을 때, 부모로서 어떤 경험에 대해 이야기해 줄지 신중히 선택해야 한다. 이를테면 통장에 있는 돈을 모두 털어 친구와 장거리 여행을 떠났던 경험이라든가 퇴직연금을 미리 수령해 사업 자금으로 날린 이야기와 같은 것들은 실제로는 그 재정을 메꾸며 오랜 세월 후회했겠지만 자칫 낭만적으로 포장되어 전달될 수가 있다. 그러니 자녀에게는 그동안의 경험을 통해 얻은 깨달음을 공유하되 부모의 구체적인 잘못까지 모두 이야기할 필요는 없다.

원칙 6 거짓말로 상황을
빠져나가지 말라

재정적으로 곤란한 처지에 놓인 부모들은 살다 보면 자신의 재정 상태에 대해 자녀에게 거짓말을 하게 된다. 또한 지갑이 두둑하든 텅 비었든 부모 노릇을 하다 보면 본의 아니게 자녀에게 거짓말을 해서 어떤 상황을 모면하고 싶을 때가 있다. 예를 들어 자녀가 들어가고 싶어 하는 상점을 그냥 지나쳐야 할 때라든가 계산대 앞에서 어려운 경제 개념을 설명해야 할 때, 발끈하며 짜증을 내기보다는 적당히 거짓말로 그 순간을 모면하는 게 낫다고 생각하기 때문이다.

하지만 이럴 때라도 거짓말은 금물이다. 어린 자녀에게 "지금 돈이 없어서 젤리를 사 줄 수 없어"라고 말하는 것도 나쁘지 않지만 "지금 이 사탕을 사는 데 돈을 쓰면 안 된다고 생각해. 더구나 의사 선생님이 젤리는 충치가 생기기 쉬우니 피하라고 말씀하셨잖니"와 같이 설명하는 쪽을 권한다. 솔직한 대화도 좋지만, 어떤 결정을 내리게 된 진짜 이유가 따로 있다면 그 이유를 자녀와 공유하는 편이 효과적이다.

자녀가 사려는 물건이 부모의 예산을 초과한다면 그 사실을 말하고 이유를 설명해 주자. 물론 재정 문제가 아닌 다른 이유로 구매에 반대할 때도 그 이유를 설명하는 것이 좋다. 아이들은 보기보다 영리해서 '그걸 살 형편이 안 된다'라는 부모의 말을 곧이곧대로 받아들이지 않는다. 여러 설문조사에서도 확인할 수 있듯이 아이들은 대부분 그런 말들을 믿지 않는다. 이유를 제대로 말하지 않고 지금 돈이 없어서 사 줄 수 없다고 핑계 대는 방법은 아이들에게 통하지 않는다. 아이들은 다양한 방식으로 물건값을 지불할 수 있다는 사실을 잘 알고 있다. 돈이 없다고 말한 부모가 몇 분도 안 되어 신용카드로 계산하는 순간 거짓말은 들통이 난다. 일단 부모의 말이 거짓말로 드러나면 자녀는 계속 부모의 말을 의심할 것이다. 그 같은 위험을 무릅쓸 이유가 없다. 앞으로 물건을 살 때는 번거롭더라도 자녀에게 이 물건을 살 수 없는 이유를 제대로 설명하자. 이것이 후환을 남기지 않는 방법이다.

원칙7 본인을 먼저 되돌아보라

30대 중반인 니나는 아이들이나 주변 사람들에게 자신의 부모가 돈 관리에 무능했기 때문에 본인도 돈 관리 능력이 형편없다고 말하곤 했다. 그녀의 말을 옮기자면 이렇다.

"우리 부모님은 예산을 짜거나 저축한 적도 없고, 굉장히 무책임한 방식으로 살았어요."

이와 정반대 방식으로 살았던 부모를 탓하는 사람들도 나는 여럿 봤다. 부모가 지나치게 검소하게 살면서 자신들의 소비를 통제한 탓에 돈 문제에 무지하다며, 자신들은 절대로 부모처럼 살지 않기로 다짐했다고 그들은 말했다. 부모가 돈을 어떻게 관리했으며 그러한 태도가 자신들의 행동에 어떤 영향을 미쳤는지를 아는 것은 필요한 과정이다. 그러나 여기서 요지는 이를 핑계로 돈 문제에 무능한 자신을 정당화하거나 심지어 자녀들에게 돈 관리 문제를 가르치는 것 자체를 기피해서는 안 된다는 것이다. 자녀에게 본인의 경험을 투사해 돈 문제에 부정적인 인상을 심어 주지 말고 긍정적으로 접근해야 한다.

원칙 8 돈 문제로 갈등하는 모습을 보이지 말라

여러 연구 결과를 보면, 어려서부터 부모가 돈 문제로 다투는 모습을 자주 보면서 성장한 대학생 자녀들은 그렇지 않은 부모를 둔 대학생 자녀들에 비해 60만 원 이상 신용카드 빚을 질 가능성이 세 배는 더 높다고 한다. 돈 문제에 관해 부부 사이에 의견이 일치하지 않을 때도 있겠지만, 돈 문제로 심각하게 갈등을 빚는 모습만큼은 되도록 자녀에게 보이지 않는 것이 중요하다. 자녀에게는 최선을 다해 부부가 단합하는 모습을 보여 주도록 하자. 문제가 생기면 부모가 서로 임시 휴전을 선언하고 자녀에게 다음과 같이 말하기를 권한다.

"네가 친구들과 떠나는 해외여행 경비 문제에 대해 아직 입장을 정하지 못했으니 이 문제를 엄마 아빠가 논의하고 나서 다시 얘기하자꾸나."

만약 배우자와 돈 문제로 자주 갈등을 빚는다면, 아이들이 없는 데서 서로 의견을 절충하는 방법을 찾아보는 것이 좋다. 한 연구 결과에 따르면, 이혼 가정의 자녀 중에 부모의 연봉부터 이혼 후에 자녀에게 지원하는 생활비며 학비 액수까지 세세하게 들으며 자란 아이들은, 금전적 지원을 자신에 대한 사랑의 크기와 동일시해 부모 중 어느 한쪽을 나쁜 사람으로 규정하는 경향이 있다. 현재 형편이 여의치 않아 축구 유니폼을 사 주지 못하는 것을, 이혼한 배우자가 양육비를 제때 지급하지 않아 축구부 대회에 참가할 수 없다고 자녀에게 말한다면 자녀는 돈 문제에 관해 정서적으로 혼란을 겪게 된다.

아이들에게는 재정 문제와 관련해 부모가 한목소리를 내는 것이 가장 바람직하다. 또한 아이들은 흔히 부모 사이를 이간질해 서로 경쟁하도록 유도하는데, 이때 좋은 부모 역할을 독차지하려고 해서는 안 된다. 부모는 할 수 있는 한 최선을 다해서 의견을 모으고 서로 합의한 결정을 자녀에게 제시해야 한다.

원칙 9 단계를 갖춰 자녀의 경제 독립을 준비하자

민디와 대니얼은 헌신적인 부모였다. 세 아들이 초등학교에 다닐 때는 저녁마다 숙제를 봐주었고, 중학교에 다닐 때는 공부에 전념하라며 집안일도 시키지 않았다. 대학에 입학해 집을 떠나는 아들에게는 필요할 때 쓰라며 신용카드를 건네기도 했다. 그런데 졸업 후에 집에 돌아온 첫째 아들은 종일 드라마에 빠져 빈둥거렸다. 하루는 아들이 자기 빨랫감을 세탁기에 넣어 달라고 하자, 민디는 더 이상 참지 못하고 폭발하고 말았다.

"더는 봐줄 수가 없구나! 이제 넌 성인이야. 다음 달까지 집을 구해 여기서 나가거라."

민디는 자신이 냉정을 잃었다는 사실 때문에 괴로웠지만, 대니얼은 이제 아들에게 '엄격한' 사랑이 필요하다며 아내를 위로했다.

이 책을 읽는 부모들이라면 민디와 대니얼에게 공감하겠지만, 사실은 아들 못지않게 그들의 잘못도 크다. 성인이 될 때까지 경제적인 지원을 해 주다가 아무 준비도 안 된 자녀에게 갑자기 재정지원을 중단하는 행위는 언어도, 문화도, 법률도 낯선 나라에 자녀를 버려두고 오는 행위나 다를 바 없다. 양육과 관련된 행위가 대개 그렇듯이, 돈 문제의 경우에도 점차 기대치를 높여 가야지 0점 맞던 아이가 갑자기 60점 맞기를 기대해서는 안 된다.

원칙 10 경제 교육은 부부 공동의 책임이다

여러 연구 결과를 보면, 자녀들이 주로 돈 문제를 질문하는 대상은 엄마다. 개인적으로 관찰한 경험에 따르면, 매우 성공한 전문직 여성 중에도 자녀가 돈 문제를 물어보면 구시대 방식으로 돌아가 "아빠에게 물어보렴"이라고 말하는 이들이 적지 않았다. 물론 회사에서 힘든 하루를 보내고 이제 막 집에 도착했다든지 중요한 업무라든가 아픈 애완동물, 고장 난 가스레인지 등에 정신을 뺏겨서 잠시 자신의 역할과 책임을 미뤄 두었을 수도 있다. 하지만 아빠에게 답변을 떠넘기는 일이 반복되면 돈은 남자들의 영역이라는 고정관념을 주게 된다. 이는 그릇된 선입관이다.

돈 문제로 자녀와 대화할 때는 양육자 모두가 적극 참여해야 한다. "돈 문제는 엄마가 더 잘 알아"라든지 "재정 문제는 우리 집에서 아빠가 담당이야"와 같은 말은 피하도록 하자. 자녀의 질문에 당장 대답하기 어려운 경우에는 "그 문제라면 나도 잘 모르겠구나. 좀 더 알아보고 나중에 다시 이야기하자"라고 말하는 편이 낫다. 그리고 이렇게 말한 후에는 반드시 해답을 찾아보고, 나중에 자녀에게 제대로 된 정보를 제공해야 한다.

원칙 11 금융 지식과 관련해 남녀 격차를 만들지 말라

수학 점수에서 남학생과 여학생 간에 격차가 있음을 보여 주는 관련 증거가 적지 않듯이 금융 지식에도 남녀 격차가 존재한다. 이러한 격차가 생긴 데에는 부모들의 행동도 한몫하고 있다. 수많은 연구와 설문조사에서 나타난 어린이들의 답변을 보면, 엄마나 아빠는 돈 문제, 특히 투자 같은 주제에 관해 딸보다는 아들과 더 많은 대화를 나눈다. 그 결과, 돈 문제와 관련해 남자아이들이 훨씬 더 자신감에 차 있으며 부모들은 딸보다는 아들이 돈의 가치를 더 잘 이해한다고 생각한다. 그러나 딸들이 세상에 나가 경제적으로 아들들과 어깨를 나란히 하고 살아가야 한다는 점, 게다가 평균적으로 여성이 받는 평균 연봉 및 퇴직금이 남성보다 적다는 점을 고려할 때 부모는 딸들에게도 어려서부터 자주 금융 지식을 가르칠 필요가 있다. 즉, 아들이나 딸이나 똑같이 금융 지식을 익혀야 한다.

원칙 12 다른 사람과 비교하지 말라

남과 비교하는 것은 인간의 자연스러운 본능이다. 즉각적 만족을 추구하는 소비지상주의와 대중매체는 우리의 비교 본능을 부추긴다. 하지만 금전 문제만큼은, 부모는 다른 가정과 비교하지 않도록 노력해야 한다. 말이야 쉽지만 결코 쉬운 일은 아니다. 우리도 모르는 사이에 어느새 충동적으로 친구나 이웃을 이러쿵저러쿵 평가하기도 하고 또 자신의 의사결정에 비춰 그들의 결정을 재단할 때도 있다.

어떤 이에게는 낡은 주방을 개보수하는 데 돈을 쓰는 것보다 네팔로 가족 여행을 떠나기 위해 그 돈을 저축하는 게 더 중요하다. 그래서 낡은 싱크대와 깨진 바닥타일을 일 년간 더 참고 지내기로 결정한다. 반면에 그 이웃집은 여행이라고는 고작 동네 수영장에 다녀오는 일이 전부이지만, 지하실에 놀이방을 짓는 데 거금을 투자하고 있을지도 모른다. 이렇듯 사람마다 돈 쓰는 방식도 제각기 다르다.

다른 가족의 소비 습관이나 가치관에 대해 섣불리 추측하거나 예단하지 않도록 주의하자. 이 같은 행위는 자녀들에게 나쁜 본보기를 제공할 뿐 아니라, 연구 결과에 따르면 친구들의 돈 씀씀이와 자신의 씀씀이를 비교하는 이들은 전반적으로 행복 지수가 떨어졌다. 돈의 쓰임새를 결정하는 행위는 지극히 개인적인 선택이다. 만약 자녀가 비교의 함정에 빠져 친구나 이웃사촌의 씀씀이를 동경하거나 무시하며 살아가기를 바라지 않는다면 부모부터 그 같은 행동을 먼저 하지 말아야 한다.

원칙13 경제 교육은 일상생활에서 이루어진다

아이들, 특히 10대 자녀를 가만히 앉혀 놓고 뭔가를 한다는 것은 만만치 않은 일이다. 뭔가를 가르치기란 더욱 어렵다. 그런 이유로 이 책에서 제공하는 교훈들을 일상의 공간에서 씨줄과 날줄을 엮듯 전달하는 것이 중요하다. 예를 들어 당신의 자녀가 할머니에게 용돈을 받았다고 치자. 그렇다면 아이는 그동안 말로만 듣던 은행 계좌를 개설해 그 돈을 예치할 수 있다. 이때 금융 상품을 선택하면서 금리에 대해 설명하면 좋다. 가족이 쓸 노트북을 구입할 예정인가? 그렇다면 물건을 살 때 자녀에게 도와 달라고 부탁하자. 자녀에게 오프라인 판매업체의 가격과 온라인 판매업체의 가격을 비교하게 하고 그로 인해 절감한 금액이 있으면, 이를 자녀에게 수고비로 지급해도 좋다. 고가의 물건인 자동차 등을 구입할 때 자녀를 데리고 간다면, 자녀에게 가격을 흥정하는 기술을 가르칠 수 있는 좋은 기회가 될 수도 있다. 이처럼 일상생활에서 자연스럽게 경제관념을 만들어 주자.

원칙14 부모의 솔선수범보다 더 강력한 교육은 없다

돈 문제와 관련해 부모들은 '나는 이렇게 행동하지만 너는 내가 충고하는 대로 살아야 한다'라는 식으로 훈계하는 경우가 많다. 하지만 부모도 본인의 씀씀이를 감독하고 솔선수범하도록 애써야 한다. 자녀를 돈 감각 있고 이재에 밝은 아이로 키우기 위해 부모가 반드시 금전 관리의 달인이 되어야 하는 건 아니지만, 그렇다고 계획이 없는 소비 행태를 굳이 자녀들에게 자꾸 떠올리게 할 필요는 없다.

부모가 백화점에서 쇼핑백을 잔뜩 손에 든 채 신용카드 부채의 위험성에 대해 설파한다면, 자녀는 그런 부모를 멋지게 생각하기는커녕 위선적이라고 느낄 것이다. 일상에서 할 수 있는 쉬운 일이 있다면 소홀히 여기지 말고 철저히 실천에 옮겨야 한다. 부모가 스스로 금전 관리를 잘하려고 애쓰는 모습을 보여 주는 것보다 자녀에게 줄 수 있는 더 강력한 메시지는 없다.

2장

돈 감각 있는
아이로 키우기 위한
7가지 조언

내가 늘 하는 말이지만, 자녀를 돈 감각 있는 아이로 키우기 위해 부모도 돈의 귀재가 되어야 하는 것은 아니다. 자녀들에게 좋은 교육을 제공하는 것이 자녀가 미래에 탄탄한 재정을 꾸려 나가도록 기반을 마련해 줄 수 있는 가장 현명한 투자다.

경제 교육을 위해 자녀와 대화할 생각이라면, 본인이 가르치려는 내용을 최선을 다해 먼저 실천에 옮기는 게 좋다. 정크푸드를 줄이고 담배를 끊는 등 아이가 생기면서 나쁜 습관을 고치려고 노력했듯이 금전 관리와 관련해서도 당연히 나쁜 습관을 고치려고 노력해야 한다. 이는 본인의 삶을 개선하는 일일 뿐 아니라 자녀에게도 좋은 본보기가 된다. 경제 습관은 부모에게서 자녀에게로 대물림된다.

보통 사람들이라면 해묵은 경제 습관을 바로잡겠다는 말이 마치 1년 동안 쌓인 설거지를 하룻밤에 처리하겠다는 소리만큼이나 터무니없는 소리로 들릴지 모르겠다. 그동안의 경제 습관을 들여다보고 정리하겠다니, 생각만 해도 아찔하고 불쾌한 일일 수 있다. 하지만 이번 장에서는 경제 습관을 바로잡는 일이 그렇게 벅찬 일은 아니라는 사실을 입증하려고 한다. 이 책에서 다룬 개념들 중 한두 개만 실천해도 재정 관리를 아예 포기한 사람과는 다른 길을 갈 수 있다. 그 사소한 변화가 시간이 흐르면서 쌓이다 보면 아주 큰 차이를 만들어 낸다.

조언1 보험으로 자신과 가족을 보호하라

일이 잘못되었을 때 발생할 수 있는 사태, 이를테면 본인이나 식구 중 누군가 병에 걸리거나 다치거나 사망할 경우에 대비하는 것이 부모가 할 일이다. 이런 사태를 떠올리는 것은 유쾌하지도 않고 스트레스만 쌓이는 일이지만 꼭 필요한 일이다. 그러니 마음을 단단히 먹고 실행에 옮기자.

생명보험

생명보험은 사람의 사망 또는 생존을 대상으로 하는 보험이다. '소득 보장 보험'도 많은데, 만약 한 집안의 가장이 쓰러지면, 그가 부양하던 식구들은 스스로 돈을 벌 수 있을 때까지 일정한 돈을 지급받는다. 만약 자녀가 이미 성장해서 스스로 돌볼 수 있고, 배우자에게도 별도의 소득원이 있다면 이 보험은 생략해도 좋다. 늦은 밤 텔레비전 광고에서 겁나는 말을 쏟아내지만, 자녀의 생명을 두고 생명보험을 들 필요는 없다.

만약 생명보험이 필요하다면, 당신이 사망할 경우 배우자와 자녀가 살아가는 데 얼마나 많은 돈이 필요할지 대략 계산해 봐야 한다. 불행히도 간단한 공식은 없다. 예를 들어, 배우자가 전업주부여서 가족이 단일 소득에 의지해 살고 있다면, 자녀가 대학에 들어갈 때까지 다른 사람에게 요리와 청소, 양육을 맡기는 데 얼마나 지불해야 하는지도 고려해야 할 것이다. 한국의 경우, 생명보험협회 공시실(pub.insure.or.kr)에 방문해 생명보험 계산기를 이용하면 보험액을 산정하는 데 도움이 된다. 또한 보험비교클리닉(bigyo-clinic.com), 보험다모아(e-insmarket.or.k) 같은 곳에서 보험회사별로 상품을 비교할 수 있다.

하나부터 열까지 온라인으로 다 처리하고 싶겠지만, 보험정책에 대해 문의할 게 있다면 망설이지 말고 보험대행사나 보험사에 직접 전화를 걸어 보라. 이때 주의할 점이 있다. 보험사에서 판매하는 상품은 매우 많으며 그들은 특히 수익성이 좋은 상품을 홍보하고 싶어 한다. 이른바 전문가들은 화려한 달변으로 종신생명보험, 유니버셜 생명보험, 변액생명보험을 소개하면서, 세금 혜택을 받을 수 있으니 돈도 저축하고 투자 수익도 거둘 수 있다며 홍보하기 바쁘다. 그런 말들은 그냥 무시하라.

조언2 **퇴직연금 계좌부터**
먼저 개설하라

개인의 재정 관리를 다룬 책들에는 재정을 탄탄하게 만들기 위한 조언이 많지만 그중에서도 퇴직연금에 가능한 한 많은 돈을 불입하라는 것만큼 중요한 조언도 없다. 아직 퇴직연금 계좌를 개설하지 않았다면 즉시 계좌를 만들고, 가능하면 연간 최대 납입액에 가까울 정도로 최대한 많이 불입하라. 한국의 퇴직연금 상품은 다음과 같다.

확정급여형(DB) 퇴직연금

회사에서 퇴직연금을 관리해 주는 제도이다. 운용 손실이 발생하더라도 회사에서 보상해 준다. 마지막 퇴사 전 1년간의 평균 월 소득에 근속연수를 곱한 금액을 퇴직급여로 산정한다. 임금상승률이 높은 기업에 다니거나 직장 이동이 잦지 않다면 유리할 수 있다.

확정기여형(DC) 퇴직연금

근로자가 직접 운용하는 제도이다. 회사는 매년 연소득의 한 달치를 근로자 개인 계좌에 납입하며, 운용에 대한 손실과 이익에 대해서는 책임지지 않는다. 스스로 투자에 관심이 있고 자신이 있다고 생각하는 경우라면 효과적이다. 이직이 잦은 업종에 근무하거나 중소기업에 근무한다면 고려할 만하다.

개인형 퇴직연금(IRP)

근로자가 자율적으로 가입하고, 적립 및 운용할 수 있는 제도이다. 연간 1800만 원까지 납입 가능하며 최대 700만 원까지 세액 공제된다. 확정급여형(DB) 퇴직연금, 확정기여형(DC) 퇴직연금에서 퇴직급여를 수령했거나 퇴직급여 일시금 또는 중간정산금을 수령한 이들 모두 운용할 수 있다. 각 퇴직연금 제도별 자세한 정보는 고용노동부 퇴직연금 사이트(moel.go.kr/pension)에서 확인할 수 있다.

조언 3   신용카드 대금은 전액 결제하라

주변을 보면 신용카드 대금을 몇 달 동안 할부 방식으로 나눠서 내는 경우가 많다. 또는 첫 결제일에 신용카드 대금을 일부만 결제한 뒤 나머지 금액은 다음 달로 넘기는 리볼빙 서비스를 이용하는 사람도 있다. 당신의 목표는 부채를 매달 0원으로 만드는 것이다. 카드 대금을 전액 결제하는 것은 세후 금리 15퍼센트를 벌어들이는 것과 마찬가지다. 요컨대, 고금리 부채를 빨리 청산하지 않으면 피 같은 돈이 계속 빠져나가게 된다. 그러니 가진 돈으로 부채를 청산해 즉시 출혈을 막아야 한다.

고금리의 신용카드 빚을 청산하는 데 가진 돈을 모두 써 버리는 게 내키지 않을 수 있다. 대금을 결제하고 나서 재산이라고 부를 만한 것이 수중에 거의 남지 않는 상태라면 더더욱 그럴 것이다. 하지만 중요한 게 있다. 신용카드 빚을 그대로 놔둔 채 예금계좌에 저축한다면 사실상 저축한 돈보다 더 많은 돈을 까먹을 가능성이 높다. 일반적으로 예금이자보다 신용카드사에 지불해야 하는 이자가 훨씬 높기 때문이다.

이를테면, 금리 15퍼센트의 신용카드로 1000만 원의 빚을 빚졌다고 치자. 그리고 금리 1퍼센트인 은행 예금계좌에 1000만 원을 저축했다고 치자. 1년이 지나면 은행에서 10만 원의 수익이 생기지만, 동일한 기간에 신용카드사에 갚아야 할 빚은 150만 원이다. 결국 140만 원의 손실이 발생한다. 만약 저축해 둔 돈으로 카드 빚을 전액 결제했다면 은행 이자는 벌지 못할 테지만 갚아야 할 카드 빚도 없다. 분명히 말하지만 돈을 잃는 것보다는 현상 유지가 더 낫다. 저축하기 전에 고금리의 부채부터 전액 결제하는 게 합리적인 이유다. 카드 빚을 먼저 갚지 않고 저축을 하면 예금이자로 푼돈이나 챙기는 동안 신용카드사에 훨씬 많은 이자를 갚아야 할 테고, 결국 손해 보는 장사를 하게 된다.

카드 빚을 갚기가 어렵다면 상황을 조금이라도 개선하기 위해 현재 갖고 있는 대출이자를 줄이려고 시도해 보라. 먼저, 현재 사용하는 신용카드사에 전화를 걸어 금리를 낮출 수 있는지 묻자. 이때 정중하게 요청하되 다른 저렴한 카드사를 알아보는 중이라고 확실히 전달하자. 만약 이 방법이 통하지 않으면, 낮은 미끼 금리를 제시하는 다른 신용카드 회사로 카드 잔금을 이체하자. 이런 미끼 금리는 대개 6개월에서 18개월까지 제공되며, 비록 카드 대금을 전액 결제하지 못했더라도 저렴한 미끼 금리가 적용되는 동안 상대적으로 빚을 꽤 줄일 수 있다. 카드사를 변경하기 전에 먼저 이체 수수료를 확인해 카드사를 바꾸는 게 확실히 이득인지 점검하고, 옮기고 난 뒤에는 초반에 제공했던 미끼 금리가 언제 오르는지 주시하자. 만약 그때까지도 부채를 전액 상환하지 못했다면, 다시 새 카드로 옮기는 방안을 고려해 보라.

조언4 비상금을 저축하라

자녀의 팔이 부러지거나 본인이 실직하거나 지하실이 침수되는 등 부모를 당황시키는 예측 불가능한 사고가 종종 일어난다. 자녀가 생기기 전에는 신용카드로 돌려 막거나 부모에게 돈을 빌려서 뜻밖의 문제들을 그럭저럭 해결할 수 있었을 것이다. 하지만 이제 부모가 된 만큼 책임질 일도 많을 테고, 예전처럼 주먹구구식으로 위기를 해결할 수 없다.

최근 실시한 설문조사 결과를 보면, 미국인 중 절반가량이 예기치 못한 사고가 일어났을 때 이를 수습하기 위해 200만 원을 마련하는 데 어려움을 겪는다고 한다. 이 조사에서 정말 놀라운 사실은 따로 있다. 설문조사에 응답한 사람들이 비상금으로 200만 원도 모아 두지 못했다는 것은 그렇다 치고, 신용카드로든 친구들이나 가족의 도움으로든 문제를 해결할 수 없는 상태라는 점이다. 특히 자녀를 둔 부모들이 돈이 급하게 필요할 때 그 돈을 마련할 수단이 전혀 없다는 사실은 놀랍기만 하다.

예기치 못한 사건들에 대비하려면 적어도 3달 치 생활비를 저축해 두는 게 이상적이다. 6개월 치라면 더 좋고 9개월 치라면 더욱 좋다. 비상금을 산정하는 가장 쉬운 방법은 시간을 들여 자신의 지출 내역을 꼼꼼히 따져 보는 것이다. 주택 대출금이나 월세, 식료품비, 전화요금, 인터넷요금, 주유비, 전기요금, 보험료 등등 매달 내야 하는 중요한 비용들을 살펴보자. 일단 매달 들어가는 고정비를 계산했으면, 그 금액에 개월 수를 곱하면 된다.

그렇게 도출한 액수가 꽤 커서 그 돈을 전부 저축하기까지 꽤 많은 시일이 걸릴지라도 좌절하지 말라. 이자 수익은 없다시피 하지만 온라인 예금계좌나 머니펀드 같은 안전한 곳에 돈을 꾸준히 적립하는 게 좋다. 이렇게 돈을 저축하는 목표는 이 돈을 미친 듯이 불리려는 게 아니라 이 돈을 지키려는 것이다. 진짜로 위급한 일이 닥쳤을 때 자신을 지키기 위함이다.

인덱스펀드에
투자하라

인생은 복잡다단하지만 투자와
관련해서는 단순한 전략을 취해야 한다. 투자자 입장에서는 다행히 가장 단순한 전략이 가장 현명한 전략이다. 최선의 투자는 비용이 낮은 인덱스펀드에 투자하는 것이다.

주식 투자는 결코 성공을 장담할 수는 없지만 투자상품에 주식을 포함시키는 것은 중요하다. 역사적으로 볼 때 주식은 물가상승률을 웃도는 투자 수단이라는 사실이 입증됐기 때문이다. 최근 몇 년간 주식시장이 침체되기도 했지만, 평균적으로 투자소득을 올릴 가능성이 훨씬 높다. 주식에 투자하려면 바구니에 여러 종목을 담아 분산투자하는 게 최선이다.

인덱스 뮤추얼펀드에 투자하는 것이 가장 쉽다. 많은 투자자의 돈을 모아 특정 지수를 구성하는 여러 기업의 주식에 투자하는 상품이다. 인덱스펀드는 전체 주식시장에서 특정한 몫을 차지하는 개별 종목들의 묶음으로 구성된다. 예를 들어, S&P500지수는 미국의 500대 대기업의 주식으로 구성된다. 인덱스펀드는 다른 종류의 뮤추얼펀드보다 수수료를 훨씬 낮게 책정하는 경향이 있으며, 수수료가 낮을수록 투자자의 주머니에 들어오는 돈은 많아진다.

주식에 투자하는 다른 방식은 ETF로 알려진 상장지수펀드다. 이것도 수수료가 저렴한 편이다. 인덱스펀드나 ETF 등 적합한 투자상품에 대해 자세히 알고 싶다면 이 책의 10장을 읽어 보라.

조언 6   신용 점수를 잘 관리하라

어렸을 때는 제일 중요한 숫자가 전화번호나 집 번지수, 또는 수능 점수나 좋아하는 야구선수의 타율이었을 테다. 하지만 부모가 되면 가장 중요한 숫자는 신용 점수이다. 신용 점수는 대부분의 대부업체에서 활용되며, 0점에서 1000점까지로 매겨진다. 이 점수는 카드 사용자의 연체기록, 부채규모, 사용일수 같은 요소들을 고려해 결정된다. 일반적인 점수는 대략 800점으로, 적어도 이 점수 이상을 받도록 해야 한다. 한 번만 연체해도 신용 점수가 크게 떨어질 수 있다. 일반적으로 말해, 신용 점수가 낮을수록 대출금리는 높아진다. 신용 점수가 낮으면 대출받기 어려워지는 것은 물론이고, 주택담보대출의 경우도 이자가 높아 부채가 크게 늘어날 수 있다.

신용 점수를 이해하려면 점수가 책정되는 근거인 신용 기록을 살펴보라. 한국의 경우, 나이스평가정보(credit.co.kr), 코리아크레딧뷰로(allcredit.co.kr)에서 회원 가입 후 1년에 총 3회 무료로 신용 등급을 확인할 수 있다.

카드 대금을 제때 전액 결제하면 신용 점수를 올릴 수 있다. 신용카드 대금이든 대출금이든 최저 결제금액보다 좀 더 많이 결제하는 방식으로도 신용 점수를 올릴 수 있다(매월 2만 원씩 추가로 더 내기만 해도 도움이 된다). 또한 전액 결제하고 나서 오랫동안 쓰지 않는 카드라도 그대로 유지하는 게 좋다. 이상하게 생각할 수 있지만 신용평가사는 카드 사용자가 얼마나 오랫동안 신용카드를 써 왔는지는 물론, 얼마나 많은 신용카드를 보유하는지(실제로 사용하지 않을지라도)도 살핀다. 또한 이용할 수 있는 신용한도의 20퍼센트 이상 빌리지 않는 게 이상적이다. 신용카드로 1000만 원을 쓸 수 있더라도 200만 원 미만으로 사용하라는 이야기다. 마지막으로 자녀가 카드를 만들려고 하거든 연대보증을 서지 말고, 또 가족카드를 만들어 자녀가 부모 계좌에서 돈을 쓸 수 있게 하지도 말라. 안 그랬다가는 자녀의 헤픈 씀씀이 탓에 부모가 곤경에 처할 수 있다.

조언7 유언장을 준비해 두어라

이 주제는 쉽게 이야기할 수 있는 방법이 없다. 그럼에도 생각하기 싫은 일이 일어날 경우를 대비해 서류를 작성해야 한다. 지금 유언장을 작성해 두면, 매년 10분간 다시 검토하는 시간을 제외하고는 죽음을 떠올릴 필요가 없다. 죽음에 대비해 작성해 둘 필요가 있는 문서들은 다음과 같다.

유언장

유언장은 반드시 작성해야 하지만 충격적일 정도로 많은 부모가 유언장을 남기지 않는다. 유언장에는 누가 재산을 물려받을지,

이를 집행할 사람(유언이 확실히 이행되도록 할 사람)이 누구인지, 자녀의 후견인이 누구인지를 명시한다. 만약 유언장을 남기지 않은 채 배우자까지 모두 사망할 경우 법원에서 어린 자녀들의 후견인을 선정할 테고, 유산은 법원의 승인이 필요한 계좌에 예치된다(수령인을 별도로 지명해야 하는 퇴직연금계좌 등은 유언으로 물려주지 못한다).

재정 문제 위임장

당신이 정상적인 생활을 하지 못할 경우를 대비해, 법적으로 당신의 자산을 관리하며 지속적으로 가족의 생활비를 지불하거나 세금을 신고하고, 투자금을 운용할 대리인을 지명할 수 있다. 이 일을 맡을 사람의 이름을 지명하는 것은 매우 중요하다. 대리인이 없으면 법률 비용이 드는 복잡한 절차를 거치지 않고서는 가족이 기본적인 거래도 처리할 수 없기 때문이다. 재정 관리 대리인은 유언장에 거명된 유언집행자와는 다른 개념으로, 보통 배우자로 지명하는 경우가 많다.

생전 유언장과 건강 문제 위임장

생전 유언장에는 임종 시 처리에 대한 본인의 희망을 명시하며, 생명 연장 장치를 떼어내는 것 등의 중요한 의사결정을 내려야 할 때 가족들의 부담을 덜어 준다. 건강 문제 위임장을 맡은 사람은 당신이 의사를 밝힐 수 없는 상태가 되었을 때 본인의 요구사항이 지켜지도록 일을 대행한다. 보통 배우자나 친척 또는 가장 친한 친구로, 반드시 변호사일 필요는 없다.

생전 신탁

꼭 필요한 문서는 아니지만 고려할 만하다. 이것이 있으면 상속자들이 공증(당신의 유언이 유효함을 선언하는 법적 절차)을 거치지 않아도 된다. 물론, 공증 과정도 시간이 걸리고 비용이 발생하긴 하지만 자녀에게 재산을 물려주기 위한 좋은 방법이다. 채권자와 세금 문제도 고려해야 하므로 생전 신탁을 설정하는 것이 본인에게 올바른 선택인지 법적으로 자문을 받아 보자. 이런 문서들을 준비하는 데는 법률 전문가의 도움을 받기를 추천한다.

한국의 경우, 예스폼(yesform.com) 같은 사이트를 이용하면 훨씬 저렴하게 이런 문서들을 작성할 수도 있다. 그러나 잘못된 문서 양식을 내려받을 수 있고 웹사이트에 오류가 발생할 경우 잘못을 수정하는 데 다시 비용이 들어간다는 단점이 있다. 만약 일을 직접 처리한다면, 최소한 변호사에게 해당 문서의 검토를 부탁하자.

자녀가 모르면 더 좋을
돈에 관한 6가지 이야기

자녀에게 모든 사실을 이야기하는 게 현명하다고 생각하는 부모들도 있지만, 내 생각은 다르다. 자녀들, 특히 어린아이들이라면 돈 문제에 관해 아직 이해하기 어려운 정보도 있고 알 필요가 없는 정보도 많다. 때로는 아무 정보를 주지 않는 것이 실용적인 해결책이다. 일례로, 자녀에게 부모의 연봉 액수를 알려 준다고 하자. 그러면 어째서 방학에 해변으로 여행을 떠나지 못하는지, 영화관에서 9000원짜리 팝콘을 사지 못하는지에 대해 추궁당할 상황을 각오해야 한다. 아울러 자녀의 친구들까지 당신의 연봉 액수를 알게 되는 상황도 각오해야 할 것이다. 따라서 부모에게는 다음과 같이 말할 권리이자 의무도 있다. "이것은 엄마와 아빠만의 비밀이야. 너에게 중요한 사실을 숨기려는 게 아니란다. 단지 너희가 어느 정도 클 때까지 부모로서 공유하지 말아야 할 정보도 있단다."

자녀에게 알릴 필요가 없는 정보를 살펴보자.

첫째, 부모의 연봉

연봉이 5000만 원이건 1억 5000만 원이건 5억 원이건 정확한 그 액수를 알려 주지는 않아도 된다. 대강의 정보를 알려 주는 것만으로도 괜찮다. 일례로, 한국 4인 가구의 중위소득(평균값이 아닌 중간값)은 대략 5700만 원인데, 이를 기준으로 당신의 소득이 어디쯤 위치하는지 정도는 말해 줄 수 있다. 자녀의 연령과 체감물가에 따라 부모의 소득을 많게 또는 적게 느끼기도 하는데, 이때 이 책에서 다루는 소비와 저축 개념을 주제로 다양한 이야기를 풀어 갈 수 있다.

둘째, 부모의 소득 비교

부부가 맞벌이일 경우 누구 소득이 더 많은지는 알리지 말자. 엄마와 아빠가 얼마를 버는지 구체적으로 알려 주면 특히 자녀가 어릴수록, 소득이 많은 쪽이 가정에 더 중요한 사람이라는 인상을 줄 수 있다. 소득 차이가 얼마나 나느냐가 중요한 정보도 아닌데 굳이 그 정보를 자녀들에게 말할 필요가 있을까? 물론, 자녀가 청소년이라면 보통의 경우 변호사가 교사보다 돈을 더 많이 번다는 사실을 모르지는 않을 것이다.

당신이 사회복지사이고 배우자가 금융권에서 일한다고 가정하자. 자녀가 부모의 소득 이야기를 꺼내며 어째서 사회복지사가 은행에서 일하는 사람보다 더 소득이 적은지 알고 싶어 한다면, 현재의 삶을 위해 소득 대신 당신이 선택한 심리적 보상과 부부가 절충한 사항을 논하기에 좋은 기회다. 또한 부부 중 한 명이 집에서 자녀를 돌보면서 살림을 하고, 다른 한 명은 밖에서 돈을 번다면 집에서 가사를 담당하는 부모의 중요성을 이야기하기에 좋은 기회다. 가사도 하나의 직업이라는 사실을 분명히 하자. 세부적으로는 차이가 있겠지만 자녀에게는 부부가 한 팀이라는 것을 보여 주는 게 가장 이상적이다. 즉, 엄마와 아빠가 한 팀으로 일하기 때문에 누가 얼마를 버느냐는 중요하지 않다는 사실을 인지하도록 해야 한다.

셋째, 퇴직연금 액수

내가 열 살 때 동네 친구였던 수전은 자기네 부모님의 퇴직연금 계좌에 10억 원이 들어 있으며, 이 말을 부모님에게 직접 들었다고 내게 말해 주었다. 그 말을 듣자마자 나는 거짓말이라고 생각했다. 나중에 알고 보니 내가 아는 사람 중에 10억 원이나 가진 사람은 없었다. 설령 그 말이 사실이었다고 해도 이런 정보는 어린 자녀에게 아무 쓸모가 없다. 부모가 불입한 퇴직연금이나 적금, 투자상품 등은 모두 부모 소관이다. 있어도 당장 쓸 수 있는 돈이 아닐뿐더러 그 돈을 인출했다 하더라도 노후를 영위하려면 일찍 사라지면 안 되는 돈이라는 사실을 어린 자녀들은 이해하지 못하기 때문이다.

넷째, 일가친척에 대한 경제적 평가

각 가정마다 유별난 사람이 하나씩은 있기 마련이다. 솔직히 말하자면, 정상적인 기능을 상실한 수많은 역기능 가정의 중심에는 돈 문제가 놓여 있다. 하지만 유별난 친척의 돈 문제를 두고 이러쿵저러쿵 평가하는 모습을 자녀들에게 보여서는 안 된다. 가령, 남동생이 당신에게 천만 원을 빌렸는데 약속한 기한 내에 갚을 생각은 하지 않고, 철없이 카리브 해 섬으로 휴가를 떠난다면 아끼는 동생이라도 당연히 짜증이 날 것이다. 그렇다고 자녀가 듣는 데서 이런 속내를 비친다면 자녀는 그 일로 삼촌을 나쁘게 볼 뿐 아니라 삼촌이 나중에 돈을 갚더라도 그에 대해 오래도록 불편한 기억을 간직하게 된다. 참고로, 당신이 이런 이야기를 자녀에게 하고 나서 나중에 삼촌이 돈을 갚았다는 이야기를 따로 전할 가능성도 희박하다. 가족이나 친구에게 돈을 빌려줄 때 고려해야 하는 위험성을 알려 주고 싶다면, 자녀가 모르는(또는 이름을 바꿔서) 사람들에 관한 이야기를 예로 드는 것이 좋다.

다섯째, 선물의 금액

부모가 선물을 줄 때마다 가격을 언급하면 아이는 선물을 주고받는 행위에서 기쁨을 느끼지 못하게 된다. 이는 다른 사람들에게 선물을 줄 때도 해당하는 말이다. 다른 무엇보다도 선물의 가치를 결정하는 것은 그 가격이 아니지 않은가? 때로는 선물이 마음에 들지 않아 아이들이 속상해하는 경우도 있을 수 있는데, 이때는 자녀에게 선물을 주는 취지뿐만 아니라 돈에 대한 대화를 나누면 좋다. 아이들이 살아갈 세상은 돈 문제에 대해 까막눈으로 살아도 좋을 만큼 호락호락하지 않다는 점을 잊지 말아야 한다.

내 친구의 열 살짜리 조카 이야기다. 그 조카가 생일 파티를 했는데 예전보다 선물 개수가 줄었다는 사실을 알고 눈물을 뚝뚝 흘렸다고 한다. 그 어머니는 아이에게 나이를 더 먹었으니 그가 가지고 싶은 물건 가격도 그만큼 비싸졌다는 사실을 설명해 줘야 했다. 실제로 그 아이의 친척들이 각자 선물을 준비하는 대신 돈을 모아 아이가 무척 갖고 싶어 했던 값비싼 스마트폰을 선물한 것이었다.

여섯째, 대학 등록금에 관한 걱정

당신이 평범한 부모라면, 언젠가 대학 등록금을 부담할 생각에 벌써부터 겁이 날지도 모른다. 대학 등록금에 대해 자녀와 대화를 시작하기에 좋은 시기는 자녀가 고등학교에 입학할 무렵이다. 그 이유는 5장에서 자세히 다루겠지만, 뚜렷한 목적을 두고 대화하는 것과 자신의 막연한 불안을 자녀에게 표출하는 것은 엄연히 다르기 때문이다. 대학 등록금이 너무 비싸다든지 등록금을 마련할 생각에 스트레스가 이만저만이 아니라는 등 불평불만만 늘어놓지 않도록 주의해야 한다. 부정적인 표현을 사용하지 않더라도 부모가 흥분하거나 목소리를 높이면 자녀들은 본의를 이해하지 못하고 오해할 수 있다. 또한 부모가 자신의 대학 등록금을 크나큰 부담으로 여기고 있다고 생각하게 되면 자녀는 어떻게든 그 부담을 덜어 줘야겠다고 생각할 수도 있다. 물론 부모가 감당할 자신도 없으면서 자녀가 어느 대학에 지원하든 무조건 재정적으로 지원하겠다고 약속해서도 안 된다. 하지만 대학(그 밖의 다른 고등교육) 자금 마련을 우선순위에 두고 있으며, 자녀의 미래를 위해 기꺼이 그 자금을 저축하겠다고 약속하는 것은 부모로서 할 수 있는 일이고, 또 마땅히 그렇게 해야 한다.

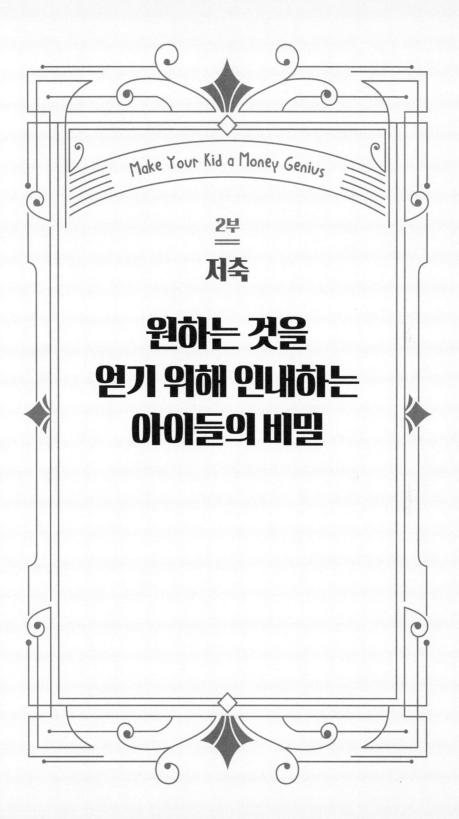

Make Your Kid a Money Genius

2부
=
저축

원하는 것을
얻기 위해 인내하는
아이들의 비밀

3장

당장의 만족이 아니라 미래의 가치를 가르쳐라

제아무리 느긋한 성격의 부모라도 그 유명한 마시멜로실험에 스트레스를 받곤 한다. 아이의 자제력에 관련된 다른 실험도 많지만 이 이야기만큼은 워낙 유명해 다들 잘 알고 있을 것이다. 어린아이들에게 마시멜로를 하나씩 나눠 준 후에 이것을 바로 먹지 않고 선생님이 돌아올 때까지 참고 있으면, 나중에 마시멜로를 하나 더 주겠다고 말한다. 연구진이 관찰해 보니 마시멜로를 그 자리에서 바로 먹어 버리는 아이들도 있었고, 놀라울 만큼 자제력을 보이며 기다리는 아이들도 있었다.

연구진이 이 실험에 참가한 아이들을 수십 년에 걸쳐 추적한 결과는 놀랍기만 했다. 마시멜로를 즉시 먹지 않고 참은 아이들이 성인이 된 후에 사회적으로 훨씬 성공한 삶을 살고 있다는 사실을 발견한 것이다. 그들은 인간관계도 더 좋았고 학력도 더 높았으며, 미국 대학 수능시험SAT

평균 점수도 210점이나 더 높았다.

여기까지 읽고 나면 당장 슈퍼마켓으로 달려가 마시멜로 한 봉지를 사서 자녀들에게 직접 실험을 해 봐야겠다고 마음먹는 부모들도 있을 것이다. 만약 실험 결과 당신의 자녀가 다소 자제력이 떨어진다는 사실을 확인하고 나면 자녀의 미래에 대해 불안한 마음이 들지도 모른다.

그런데 다섯 살짜리 아기가 말랑말랑하고 달달한 과자를 참지 못하고 곧장 먹었기로서니, 그게 뭐 어떻다는 말일까? 적어도 이 책의 독자들에게 더 중요한 문제는 따로 있다. 바로 자제력과 저축의 관련성이다.

여러 연구 결과를 보면, 자제력에서 높은 점수를 얻은 사람들이 저축도 더 많이 한다. 펜실베이니아대학교에서 발표한 연구 결과에 따르면, 성격검사에서 장기 목표를 고수하는 능력이 높게 나타난 50대 이상의 부부들이 미국의 평균 가정보다 거의 2억 원을 더 많이 저축했다.

욕구를 절제하고 기다릴 줄 아는 사람들이 저축도 잘한다는 사실은 그리 놀라운 일이 아니다. 충동구매를 하지 않고 따로 돈을 떼어 밑천을 모으는 능력은 눈앞에 있는 먹음직스러운 마시멜로를 바로 먹지 않고 참을 수 있는 능력과 별반 다르지 않다.

마시멜로 실험 결과가 전하는 불길한 소식을 보기 좋게 포장할 방법은 없지만, 자녀가 충동적이라는 사실을 확인하고 혈압이 올랐을 부모에게 위로가 되는 소식이 하나 있다. 아이들의 자제력을 키울 수 있다는 것이다. 내 아이가 자제력을 발휘해 그 상으로 마시멜로를 입 안에 가득 넣고 우물거리는 모습을 확인하는 즐거움보다야 못할 테지만, 어쨌든 희소식임에는 틀림없다. 아이들의 자제력을 키우기 위해 부모는 간단한 몇 가지 기법만 기억하면 된다.

잘 참고 기다린다는 것은 자녀가 자기욕구를 무시하거나 억누르는 자기부정에 뛰어나야 한다는 뜻은 아니니 안심해도 좋다. 사실 아이들은 대부분 물건을 소유하고 싶어 한다. 이는 지극히 정상적인 반응이다. 마시멜로가 됐든 스마트폰이 됐든 자동차가 됐든 마찬가지다. 부모가 할 일은 자녀를 위해 이런 물건들을 사 주고 싶은 마음을 자제하는 것이다. 부모가 편하기 위해 아이가 갖고 싶어 하는 물건을 무작정 사 주기보다는 자녀들이 참고 기다리며 저축하고, 직접 그 물건을 구입하도록 곁에서 도와야 한다.

내 아이가 당장의 만족보다 장기적인 보상을 중시하도록 가르치는 일은 생각보다 어렵지 않다. 이번 장은 아이의 본래 성향과 상관없이 아이들이 저축을 잘할 수 있도록 부모로서 독려하는 방법을 양육 시기별로 살펴보자. 이를 통해 부모들은 어디서 어떻게 아이들이 똑똑하게 저축하는 방법을 익힐 수 있는지에 대해 구체적인 그림을 그릴 수 있을 것이다.

부모 역시 자녀에 대한 기대치 부분에서는 인내심을 발휘할 줄 알아야 한다. 아이들은 성장하면서 변화하기 마련이다. 당신의 초등학생 자녀가 현재에 충실한 유형에 가깝다고 판정받았다고 해서 그 아이에게 기다리는 법을 가르칠 수 없다는 뜻은 아니다. 부모는 아이가 커갈수록 점차 자제력을 발휘할 수 있도록 얼마든지 지도할 수 있다. 여러 과학자들의 추정에 따르면 유전적 요인이 우리의 저축 능력에 영향을 미치는 정도는 3분의 1가량이다. 그러니까 그보다 더 많은 부분이 부모가 자녀를 어떻게 가르치느냐에 달려 있는 것이다. 따라서 부모는 좋은 변화를 일으키는 원동력이 되어야 한다. 그리고 이 책을 통해 당신은 충분히 그렇게 할 수 있다.

 ## 유아기

4yrs old

여러 연구 결과를 보면, 생후 6개월짜리 유아도 기본적으로 스스로를 통제하고 진정시키는 데 도움이 되는 전략을 쓴다고 한다. 대표적으로 엄지손가락 빨기가 그렇다. 만 세 살부터는 뇌에서 충동을 조절하는 부분이 발달한다고 한다. 아래에 소개하는 원칙을 강조하면 충동적인 아이일지라도 저축하는 습관을 기르기에 좋은 자질을 기를 수 있다.

기다림은 좋은 것이다

도로가 꽉 막혀 차 안에서 기다리든 소아과 대기실에서 시간을 허비하든 또는 가게에서 줄을 서서 기다리든, 누구에게나 기다림은 많은 시간을 허비해야 하는 불편한 일이다. 특히 아이들에게 기다림은 몹시 짜증 나는 일이다. 하지만 기다려야 할 일이 있으면 기다릴 줄도 알아야 한다. 도로에서 차가 막힌다면 지금은 힘들지만 기다림 끝에는 좋은 일이 있다는 사실을 아이들에게 알려주자. 우리가 뭔가를 기다릴 때는 대체로 몹시 원하는 것, 어딘가에 가고 싶다거나 오랫동안 눈독 들였던 물건이 있는 것이다. 이런 경우 부모는 기다림의 미덕을 아이들에게 말해 주면 좋다. 놀이터에서 아이가 그네를 타려고 줄을 서고 있을 때 자기 차례를 기다리는 방식이 얼마나 민주적인지 다음과 같이 이야기하자.

"지금은 네가 차례를 기다리지만 저 아이도 네가 그네를 다 탈 때까지 자기 차례를 기다려야만 한단다."

다른 곳에 주의를 기울이면 기다리는 시간이 더 빨리 흘러간다는 사실도 알려 주자(개인적으로는 1부터 10까지 숫자 중에서 상대방이 생각한 숫자를 알아맞히는 놀이를 애용하는 편이다). 생일이라든가 명절처럼 아이가 고대하는 행사가 있다면, 그날의 기쁨을 떠올리며 대화를 나누자. 생일 파티에서 어떤 일들이 일어날지, 누가 파티에 참석할지, 어떤 놀이를 할 것인지, 파티의 주제는 뭐가 좋을지 등을 토론하면서 시간을 보내면 기다리는 일이 한결 수월해진다. 그리고 나중에 행사 당일에는 그토록 기다렸던 시간이 그만한 가치가 있었다는 사실을 서로 확인하도록 하자.

돈은 안전한 곳에 보관해야 한다

유아의 경우 돈을 장난감으로 인식해 지폐를 찢으면서 놀거나 동전을 삼켜서 위험해지는 경우가 있다. 그래도 세 살쯤 되면 돈이 가치가 있는 어떤 수단이라는 개념은 이해할 수 있다. 조숙한 자녀를 키웠던 어느 부모는 아이가 초등학교에 다니기 훨씬 전부터 화폐의 가치를 이해하고 동전 말고 종이돈을 요구하기 시작했다고 한다.

동전이든 지폐든 아이들이 집안 여기저기에 함부로 두지 못하도록 해야 한다. 저금통이나 음료수 캔 등 보관 용기를 세 개 마련해 각각 이름표를 붙여 두기를 권한다. 하나는 미래에 살 것을 위해 저축하는 용도로, 또 하나는 필요한 물건을 사는 데 수시로 쓰는 돈을 보관하는 용도로, 나머지 하나는 도움이 필요한 사람들에게 기부하는 돈을 보관하는 용도로 구분한다. 이때 투명한 용기보다는 불투명한 용기를 사용하는 것이 좋다. 내부가 보이지 않으면 돈을 슬쩍 하고 싶은 유혹을 덜 받기 때문이다. 유아기에는 돈을 각 용기에 3분의 1씩 나눠 담든 다른 비율로 나눠 담든 상관없다. 돈을 정확히 어떻게 분배하느냐가 중요한 게 아니라 용도별로 돈을 배정하는 법을 배우는 것이 무엇보다 중요하다. 할아버지에게 받은 용돈이든 길에서 주운 동전 몇 푼이든 생일에 부모에게 받은 선물이든, 여기서 핵심은 늘 일정한 금액을 따로 저축하게 하는 것이다.

가족용 저금통을 만들자

가족용 저금통을 만들어 저축하는 것은 아이와 함께 공동 프로젝트를 시작할 수 있는 좋은 방법이다. 저축이 무엇인지 말로만 설명하기보다 부모가 본을 보이며 가르칠 수 있는 기회이기도 하다. 거실이나 주방을 비롯해 눈에 잘 띄는 장소에 상자나 단지를 두고 식구들이 오가며 잔돈을 조금씩 넣는 방법이 가장 좋다. 처음에는 피자 파티나 워터파크 여행처럼 아이들이 좋아하고 쉽게 달성할 수 있는 목표를 정하자. 물론 유아기에는 얼마 되지 않은 자신의 용돈 중에 일부 또는 소파 쿠션 사이에서 주운 동전 정도밖에 저금할 게 없을 테다. 금액은 중요하지 않다. 필요한 돈을 마련할 수 있는 새로운 방법들을 짚어 주고, 가족 저금통을 자주 대화 주제로 올리는 것이 핵심이다.

"이거 봐. 슈퍼에 다녀왔더니 동전이 이만큼 생겼구나. 가족 저금통에 넣어야겠다!"

저축한 돈을 함께 쓸 때가 오면 돈이 얼마나 모였는지 아이에게 돈 세는 일을 도와 달라고 부탁한다. 피자에 토핑을 듬뿍 추가할 수 있을지, 워터파크에서 아이스크림을 사 먹을 만큼 돈이 모였는지 함께 저금통을 열어서 확인하자.

편법을 제공해서는 안 된다

한번은 공항 화장실에서 차례를 기다리다가 어떤 엄마가 어린 자녀에게 이렇게 말하는 것을 들었다.

"이건 삶의 일부란다. 기다려야 할 때도 있어."

그녀의 말은 단순하지만 심오했다. 자녀가 기다리는 법을 배우기 원한다면 부모가 먼저 인내해야 한다. 자녀의 편의를 위해 부모가 교묘히 편법을 쓰는 것은 좋지 않다. 아이가 시소를 맘껏 타고 노는 동안 부모가 대신 그네 자리를 확보한다거나 슈퍼마켓에서 자녀를 데리고 새치기를 하는 것 등을 말한다. 최악의 부모상을 준다면 누가 받게 될까? 디즈니랜드 테마파크에서 사지가 멀쩡한 자기 자녀들을 맨 앞줄에 서게 하려고 일부러 장애인 투어 가이드를 고용한 부모들을 꼽고 싶다. 디즈니랜드 관계자들은 이 사실을 알고 장애인 우대 제도를 변경하기로 했다. 물론 이 경우는 상식에서 한참 벗어난 부모들이지만 강직한 부모라도 때로는 자식 사랑에 눈이 멀어 꼼수를 쓰고 싶은 유혹을 받는다. 부모가 편법을 써서 자녀에게 편의를 제공하면 그 자녀는 속임수를 써도 좋다고 생각할 뿐 아니라 결국 참을성이 없는 아이로 자란다는 점을 명심하자.

숫자와 동전에 대해 가르치자

우리 아들이 유치원에 다닐 때 이웃집 쌍둥이 엄마와 약속을 잡아 아이들이 우리 집에서 함께 놀았던 적이 있다. 그날 나는 쌍둥이 아이들이 10원, 50원, 100원, 500원의 차이를 모두 구분하는 것을 보고 적잖이 놀랐다. 명색이 재무관리 분야 작가인데 정작 내 아이에게는 이런 것들을 가르치지 않았다는 사실이 조금 부끄러웠다. 여러 실험 결과를 보면 5개월밖에 안 된 젖먹이들도 숫자에 대한 직관적 감각이 있으며, 이는 돈의 가치를 이해하는 데 도움이 된다고 한다. 가령, 처음에 칸막이를 세우고 인형을 두 개 내려놓는 모습을 보여 주고 나서 나중에 칸막이를 치웠을 때 인형이 한 개만 보이면 아기는 어른과 마찬가지로 깜짝 놀라는 반응을 보인다.

생각해 보면 숫자 놀이를 할 기회는 우리 주변 곳곳에 있다. 빨래한 뒤에 양말을 정리하며 개수 세기, 장바구니에 넣은 바나나 개수 세기, 공원 호숫가에서 노니는 오리 숫자 세기 등등. 유치원생 중에서도 나이가 많은 아이의 경우에는 동전이나 지폐로 가게 놀이를 하며 물건을 구매하는 것도 가능하다. 이때 단위가 큰 동전부터 작은 순서대로 돈의 가치를 가르쳐 보자. 처음에는 아이가 돈을 셀 때 부모의 도움이 필요할 수도 있다. 그러나 너무 빨리 끼어들어 도와주기보다는 아이가 스스로 셈할 시간을 충분히 주는 것이 좋다. 기회가 된다면 동전으로 셈하는 놀이를 반복해 보자. 부모 입장에서는 지루하겠지만 학습에는 반복이 중요하다.

약속을 지키는 일이 무엇보다 중요하다

아이가 저축을 잘하도록 격려하기 위한 기발한 방법이 아무리 많아도 부모가 약속을 지키지 않으면 무슨 효과가 있을까? 부모도 실수할 수는 있다. 그러나 자녀에게 뭔가를 약속했으면 반드시 지켜야 한다. 약속을 지키는 것은 언제나 옳은 일일뿐더러 그래야만 부모와 자식 간에 신뢰가 쌓이고, 나아가 경제 교육을 할 때도 오늘 저축하면 나중에 자신이 원하는 것을 가질 수 있다고 아이를 안심시킬 수 있다.

로체스터대학교에서 수행한 연구 중에 신뢰의 중요성이 잘 드러나는 놀라운 실험 결과가 있다. 연구진은 아이들을 열네 명씩 두 그룹으로 나눴다. A 그룹과 B 그룹 아이들은 모두 여기저기 부러진 중고 크레용을 지급받았고, 각 그룹의 책임자인 어른이 나와 몇 분 뒤에 더 좋은 미술용품을 가져오겠다며 자리를 떴다. A 그룹 책임자는 멋진 펜과 크레용을 들고 곧 돌아왔고, B 그룹 책임자는 빈손으로 돌아와 변명을 했다. 두 번째 실험에서는 어른들이 아이들에게 더 크고 좋은 스티커를 가져오겠다고 약속했다. A 그룹은 약속한 대로 좋은 스티커를 받았고, B 그룹은 볼품없는 작은 스티커를 그대로 사용해야 했다.

마지막으로 연구진은 아이들을 대상으로 마시멜로 실험을 진행했고, 한 가지 주목할 만한 결과가 나타났다. 신뢰할 만한 어른과 함께했던 A 그룹의 아이들은 훨씬 더 높은 자제력을 보였다. A 그룹에서는 열네 명 중 아홉 명이 15분 동안 기다려 두 번째 마시멜로를 받았지만, 약속을 어긴 어른과 함께한 B 그룹에서 그만큼 자제력을 보인 아이는 한 명뿐이었다. 이렇듯 어른이 계속 약속을 어기면 아이의 의욕 자체가 꺾일 수 있다는 사실을 명심하자.

◆ 푼돈으로 목돈 만든 이야기 ◆

해럴드는 1930년대에 유년기를 보냈다. 당시에는 수많은 가정이 경제적으로 궁핍했지만 그의 집은 유독 힘든 시기를 보냈다. 대공황 시기에 그의 아버지는 자신이 운영하던 식료품점을 잃고 의기소침한 나날을 보냈고, 어머니는 재봉사로 일하며 네 아이를 키워야 했다.

해럴드는 그때 열 살밖에 되지 않았지만 동네 사탕 가게에서 (정식 일자리는 아니지만) 일감을 맡아 돈을 벌기로 결심했다. 학교를 마치고 돌아오면 매일 해럴드는 유료 전화기 옆에 앉아 인근의 공동주택에 사는 주민에게 걸려 오는 전화를 받았다. 당시에는 전화기가 있는 집이 거의 없어서 마을 전체가 이 유료 전화기를 이용했다. 해럴드는 전화가 오면 해당 주민에게 알려 주었고 팁으로 몇 페니를 받곤 했다. 주말이 되면 해럴드는 어머니에게 생활비에 보태라며 의기양양하게 돈을 건넸다.

사탕 가게에 앉아 적지 않은 시간을 보냈음에도 해럴드는 단 한 번도 자기가 번 돈으로 사탕을 사 먹은 적이 없었다. 그는 자신이 추가로 버는 돈이 집안에 흐르는 위기감을 조금이라도 누그러뜨리는 데 도움이 된다는 사실을 알았고 그 자체가 보상이었다.

해럴드는 열일곱 살에 평생의 반려자가 될 셜리를 만난다. 당시 셜리는 열여섯 살이었고 몇 해가 지나 두 사람은 부부의 연을 맺었다. 셜리는 화학 교사로, 해럴드는 역사 교사로 사회생활을 시작했다. 해럴드는 남들보다 빠르게 진급해 중학교 교장이 되었다. 어느새 부부는 아들 둘에 딸 하나를 두었고 주택대출을 받아 집을 샀다. 이 무렵 셜리는 교사를 그만두고 전업주부로 아이를 키우고 있었다.

하루는 해럴드가 새로운 퇴직연금 상품이 나왔다는 소식을 들었다. 비과세 계좌로, 연봉 3000만 원이었던 본인 소득의 절반까지 저축할 수 있었다. 그가 아내에게 이 소식을 전하자 아내는 펄쩍 뛰었다.

"해럴드, 말도 안 돼요. 무슨 수로 아이 셋을 일 년에 1500만 원으로 키워요."

해럴드는 뭐라고 답했을까?

"셜리, 그렇게 안 해도 될 만큼 우리가 넉넉하지 않아요."

이 논쟁의 승자는 해럴드였다. 지금 80대가 된 이 부부는 그때의 연금 상품으로 행복한 노후를 보내고 있다.

내가 어떻게 이 부부의 이야기를 속속들이 알고 있는지 궁금한가? 해럴드와 셜리는 바로 우리 부모님이다. 우리 아버지는 만족을 지연하는 능력을 타고난 분이었고, 우리 어머니는 그 능력을 재빠르게 익힌 분이었다. 아버지는 재정적으로 허리를 졸라매고 검소하게 사는 것이 자신과 아내를 위해 탄탄한 은퇴자금을 마련하는 길임을 알았다. 이것은 두 분에게만 유익한 선택이 아니었다. 자식들(나와 형제들)에게도 노년의 부모를 부양하는 일이 없도록 하셨다. 연금 상품으로 행복한 노후를 보내고 있다.

 초등학생

8yrs old

여러 연구 결과에 따르면, 만 일곱 살 무렵부터 아이들은 목표를 세워 집중할 수 있고 그 목표를 달성하는 데 무엇이 필요한지 이해할 수 있다. 이 아이들은 대부분 일상에서 돈을 의식하지 않을 뿐 용돈을 받든 심부름을 해서든 돈을 벌고 있으며, 그 돈으로 무엇을 할지 결정한다. 초등학생 자녀가 저축하는 습관을 이어가도록 부모가 격려하는 방법을 살펴보자.

대원칙을 하나 세우고 꾸준히 실천하자

개인적으로 강조하는 경험칙은 '천 원을 벌면 4분의 1을 저축하라'이다. 단순하고 이해하기 쉽기 때문이다. 산수에 재미를 느끼는 아이라면 비율(4천 원을 벌 때마다 천 원을 저축한다)이나 백분율(천 원의 25퍼센트는 250원이다)에 대해서도 대화를 나눌 수 있다. 복잡한 설명이나 수학 공식을 적용하는 것보다 간단한 원칙을 하나 세워 두면 훨씬 유용하게 쓰인다. 양치질이나 안전벨트 착용을 아이들에게 반드시 습관으로 들이려고 애쓰듯이 저축도 대원칙에 따라 습관으로 키워 주도록 하자.

기회비용을 따져 보자

내가 아는 어느 엄마는 매일 아들에게 과자를 사 주는 데 천 원 정도를 쓰곤 했다. 대개는 방과 후에 동네 슈퍼에서 나초 한 봉지를 샀다. 어느 날 아들이 만 오천 원짜리 비행기 장난감을 몹시 사고 싶어 했다. 그래서 아들은 2주 동안 과자를 포기하고, 그 대신 엄마가 집에서 땅콩버터를 바른 토스트를 만들어 주기로 했다. 그 엄마는 당시에 깨닫지 못했지만 자녀에게 기회비용 개념을 가르친 셈이다. 기회비용이란 기본적으로 어떤 대안을 선택함으로써 우리가 포기해야 하는 가치를 말한다. 초등학생 자녀에게 이 개념을 가르치자. 여기 소개한 사례를 들어 이렇게 설명해도 좋다.

"나초 한 봉지를 사는 데 매일 천 원을 써야 해. 그러면 그 돈을 더 좋은 뭔가에 쓰고 싶어도 쓸 수 없어. 그게 기회비용이란다."

자녀의 예금계좌를 개설하라

자녀가 유치원생일 때는 용돈을 저금통에 보관했겠지만, 이제 초등학생이 되었으니 어린이 통장에 돈을 예금해야 한다. 어린 자녀의 돈을 저축하기에 가장 안전한 곳은 시중은행의 예금계좌다. 대다수 은행과 신용조합에서는 예금자보호법에 따라 예금 5000만 원까지 보호하며, 은행 출납 창구마다 이런 사실을 알리는 안내문을 반드시 게시하도록 되어 있다. 은행에 가거든 아이에게 이 안내문을 가리키며 돈이 필요할 때 네 돈을 돌려받지 못하는 일은 절대 없을 것이라고 설명해 주자.

은행에 가기 전에 미리 전화를 걸어 어린이와 상담을 잘하는 직원이 있는지 물어보기를 추천한다. 아들이 여덟 살 때 무턱대고 은행을 찾아가 계좌를 만든 적이 있다. 아들이 직원에게 자신이 예금한 5만 원이 어디로 가는지 물었다. 그러자 직원은 말없이 입금 용지 위에 적힌 계좌번호를 가리켰다. 초등학교 2학년생이 그 손짓을 이해할 리가 없지 않나. 내가 은행 직원을 설득해 아들에게 금고를 보여 주자 그제야 아들은 자기 돈이 안전하다는 사실을 알게 되었고 기분이 풀렸다.

이자는 공짜 돈이다

아이를 은행에 데려가고 싶으면 은행에 돈을 보관했을 때 두 가지 이점이 있다는 사실을 설명하자. 첫째, 은행은 돈을 안전하게 보관한다. 둘째, 은행은 고객에게 이자를 지급하며 이자란 고객의 예금을 유치하려고 은행에서 추가로 주는 공돈이다. 1980년대 초 은행 이자가 두 자릿수였던 것에 비하면, 요즘에는 은행 이자가 고작 1퍼센트 수준이니 눈물겹게 적은 금액이긴 하다. 그래도 자녀가 초등학생일 때부터 이런 개념을 가르치는 것은 좋다. 10만 원을 예금하고 1퍼센트 이자를 받는다면 매년 1천 원을 공짜로 버는 셈이다. 이는 대다수 초등학생에게는 솔깃한 이야기로 들릴 것이다.

자녀에게 보조금을 지원하자

요즘에는 은행예금에 붙는 이자가 매우 낮으므로, 여력이 된다면 자녀의 저축을 독려하는 차원에서 부모가 보조금을 지원하는 방안도 추천한다. 연금 가입자가 불입한 금액의 일정 비율을 기업에서 보조금으로 지급해 직원들을 격려하듯이 초등학생 아이들에게도 이 방식은 효과가 있다. 예를 들면 아이가 천 원씩 저축할 때마다 부모가 같은 금액을 추가로 보조하는 것이다. 이때 보조금을 무제한 지급하는 사태를 방지하려면 자녀와 약속할 때 한 달을 기준으로 반드시 보조금 상한액을 정해야 한다. 이 사례에 교훈이 되는 어느 지인의 이야기가 있다. 한 아버지가 아들을 위해 예금 계좌를 개설했다. 하지만 이자율이 0.3퍼센트로 몹시 낮았기 때문에 아들이 저축에 큰 흥미를 느끼지 못했다. 아버지는 순수한 의도로 아들과 이렇게 거래를 했다.

"네가 천 원을 저축할 때마다 내가 이자로 5퍼센트를 지급하마."

몇 달 뒤에 그 아버지에게 아들 소식을 물었더니 이렇게 대답했다고 한다.

"말도 마. 아들 녀석이 돈이 생기는 족족 저축하는데 이자 지급하기도 벅차다!"

자녀의 저금통을 탐하지 말라

너무 뻔한 이야기로 들리겠지만 재차 강조해도 모자라지 않다. 내 친구의 남편 중에는 현금이 부족하면 자녀의 침실에 몰래 들어가 저금한 돈을 슬쩍 꺼내서 쓰는 사람이 있었다. 그러고는 돈이 없어진 사실을 아이들이 알아채지 못하도록 하루 이틀 뒤에 다시 돈을 채워 넣곤 했다. 돈을 채워 넣는 것을 깜빡했던 어느 날, 딸이 아이스크림을 사 먹으려고 돈을 꺼내려다가 저금통에 돈이 없어진 것을 확인하고 비명을 내질렀다.

깜빡하고 현금을 찾지 못해 수중에 현금이 부족한 날, 자녀가 자는 방에 슬며시 들어가 저금통에서 만 원쯤은 꺼내 써도 괜찮다고 생각하는 부모들이 적지 않다. 한 설문조사에 따르면 응답한 부모들 가운데 3분의 1가량이 자녀의 저금통에 손을 댄 경험이 있다고 대답했다. 그동안 부모는 저축하면 보상이 따르고 저금통은 돈을 지키기에 안전한 장소라고 가르쳐 왔다. 그런데 자녀의 저금통에 손을 대다가 들키면 이 가르침은 그만큼 힘을 잃게 된다. 가족이 돈을 어디에 쓸지는 대부분 부모가 결정하기 때문에 아이들

입장에서는 자기 저금통에 있는 돈만큼은 온전히 자기 것으로 여길 수 있어야 한다. 그럴 때 아이는 독립된 개체로 인정받는 기분이 든다. 자녀에게서 그 뿌듯함을 빼앗지 말자. 당연히 자녀의 저금통을 열어야 할 때도 있다. 피자 배달부가 도착했는데 배달부에게 팁으로 줄 현금이라고는 자녀의 저금통에 든 돈밖에 없을 때, 자녀에게 양해를 구하고 돈을 빌리는 것은 괜찮다. 대신 다음 날 반드시 돈을 갚아야 하고 이자로 천 원 정도는 꼭 주도록 하자.

 ## 중학생

14yrs old

중학생은 저축에 맛을 들이기에 매우 적합한 나이대다. 이 나이가 되면 어렸을 때보다 저축 개념을 보다 잘 이해하고, 또 이때까지는 부모의 말에 귀를 기울인다. 고등학생이 되면 부모의 말을 귀담아듣기보다는 용돈이나 빨리 주기를 바라면서 딴청을 피우기 십상이다. 또 중학생이 되면 저축을 해야만 살 수 있는 고가의 품목에 슬슬 관심이 생긴다. 아래에 소개하는 몇몇 요령을 적용하면 중학생 자녀가 저축하는 재미를 수월하게 느낄 것이다.

항상 비상금을 마련해 두어라

앞서 강조했듯이 한 푼 두 푼 모아서 자신이 사고 싶은 물건을 구입하는 것은 권장할 일이다. 그렇지만 그 물건을 사느라 모은 돈을 한 푼도 남기지 않고 몽땅 써 버리는 일은 없어야 한다. 하나의 물건을 산 뒤에 통장이 바닥나면, 다음에 뭔가를 구매하기 전까지 더 오래 기다리면서 돈을 다시 모아야 한다. 따라서 저축을 위한 저축도 필요하다. 오랫동안 기다린 물건을 손에 쥐는 구매의 즐거움을 망치려는 게 아니다. 현실이 그렇다. 우리가 살면서 언제 돈이 필요할지 모르지 않는가? 긴급하게 돈을 쓸 일이 생길 수도 있고, 좋아하는 가수의 콘서트 표처럼 더욱 사고 싶은 게 생길 수도 있다. 그런데 가진 돈을 남김없이 써 버리면 선택의 여지가 없다. 만일의 상황을 대비해 언제나 비상금을 남겨 둬야 한다는 사실은 더 말할 것도 없다.

금리가 높고 안전한 상품을 찾자

중학생 자녀와 함께 은행이나 신용조합을 몇 군데 돌아다니면서 자녀의 연령에 맞는 안전한 금융상품이 있는지를 조사하자. 최근에는 은행에 돈을 맡겨도 이자가 얼마 붙지는 않지만 이 경우에는 큰 문제가 아니다. 우리의 목적은 자녀의 돈을 안전하게 보관하는 데 있다. 한국의 경우, 금융감독원에서 운영하는 금융소비자 정보포털 파인(fine.fss.or.kr)처럼 금융 정보를 한데 모아 제공하는 웹사이트를 아이와 함께 둘러볼 수 있으며, 동네에 있는 은행을 직접 방문해서 몇 군데 둘러보며 가장 높은 금리를 제공하는 곳을 알아봐도 좋다. 은행 간의 금리 차이가 미미해도 자녀에게 가격을 비교하는 습관을 가르칠 수 있다. 요즘은 종이 통장보다는 온라인으로 거래하는 경우가 많은데, 돈을 예금하고 나면 컴퓨터나 휴대전화로 통장거래내역을 확인시켜 주자.

인터넷 은행보다는 점포를 이용하자

물론 중학생 자녀가 인터넷 은행에 크게 관심을 보이는 경우는 예외다. 상품을 비교해 보면 알겠지만 인터넷 은행들은 일반 은행보다 금리를 더 높게 주는 편이다. 하지만 중학생 자녀라면 점포에서 직접 거래하기를 추천한다. 자녀가 은행에 가서 은행원에게 직접 현금을 건네고, 현금인출기를 사용하는 일련의 과정을 통해 자신이 본격적으로 금융 시장에 참여하고 있음을 실감할 수 있기 때문이다. 나중에 아이가 더 커서 스스로 금리가 더 높은 상품을 찾을 정도가 되면 인터넷 은행에 계좌를 개설해도 좋다. 때가 되면 부모가 자녀에게 넌지시 의향을 물어볼 필요도 있다. 만약 자녀가 중학생이라도 얼마든지 인터넷으로만 거래할 수 있는 준비가 되었다고 판단된다면, 곧바로 고등학생 경제 교육 부분으로 넘어가 인터넷 은행 거래 부분을 참고하기 바란다.

 고등학생

17yrs old

자녀가 고등학생이 되면 자기 돈을 소비하는 문제에서 훨씬 많은 재량권을 얻는다. 그렇지만 부모는 자녀가 졸업 후 진로를 고려해 그에 대비한 저축을 하고 있는지 점검해야 한다.

대학을 가기 위해 돈을 저축하자

연구 결과에 따르면, 부모가 학비를 전액 부담한 대학생들은 학비의 일부를 자기 손으로 마련했던 학생들보다 학점이 더 낮았다. 왜 이런 결과가 나오는지는 정확히 모르지만, 대학 교육을 받기 위해 자신이 애써서 투자한 몫이 있으니 그만큼 열심히 해서 대가를 얻으려는 동기가 강하게 작용한 것이 아닐까 싶다. 이 연구 결과를 보더라도 자녀가 대학 학자금을 마련하는 데 동참하는 것이 좋다.

대학 학자금 마련에 자녀들도 소액이나마 제 몫을 담당하기를 바라는 부모들을 그동안 많이 만났지만, 실제로 자녀에게 그 같은 의견을 표출한 부모는 많지 않다. 한 설문조사를 보면 자녀도 대학 학자금 마련에 기여해야 한다고 생각하는 부모는 85퍼센트에 달했지만, 자녀에게 학비를 저축할 것을 요구하는 부모는 34퍼센트에 그쳤다. 부모는 자녀가 고등학생이 되면 아르바이트로 번 돈이든 친척들에게 받은 용돈이든 일부를 따로 떼어 대학 학자금을 위해 저축하도록 지도해야 한다.

인터넷 은행의 상품을 살펴보자

어린 자녀가 저축하는 주된 이유는 수익을 극대화하기보다는 자신의 돈을 안전하게 보관하기 위함이다. 하지만 고등학생이 되면 안전하면서도 높은 금리를 지급하는 상품을 찾아보는 것이 좋다. 대표적으로 인터넷 은행은 일반 시중은행보다 더 높은 금리를 지급하는 곳이 많다. 고등학생쯤 되면 인터넷에서만 거래하는 은행이 작동하는 방식도 얼마든지 이해한다.

한국의 경우, 금융소비자 정보포털 파인(fine.fss.or.kr) 사이트에서 다양한 저축 상품을 비교하며 살펴볼 수 있다. 요즘에는 저축 상품에 붙는 이자가 쥐꼬리만큼 낮아서 기껏해야 금리는 1퍼센트 수준이다. 이자로 크게 수익을 볼 일은 없지만, 고등학생 자녀가 금리 조건이 가장 좋은 저축 상품을 찾아보는 습관을 들이는 데 의미가 있다. 나중에 이자율이 올라가면 좋은 조건을 비교하는 습관이 큰 차이를 만든다. 돈을 은행에 저축하는 주된 이유는 안전하기 때문이다. 따라서 예금자보호법을 따르는 상품을 이용하도록 한다.

특별 지출을 대비해 저축하자

용돈이 부족해 내 아이가 원하는 것들을 제대로 사지 못할까 봐 염려하는 부모들이 있다. 혹시 이 책을 읽는 당신도 그렇다면 그런 걱정일랑 떨쳐 버려라. 때로는 자녀의 요구를 거절할 줄도 알아야 한다. 아이가 간절하게 뭔가를 갖고 싶어 한다면 한 푼 두 푼 모아 자기 힘으로 마련하거나 일부 비용이라도 부담해야 한다고 분명히 가르치자. 자녀에게 그 물건을 사 줄 돈이 부모에게 있느냐 없느냐는 여기서 별개의 문제다. 인내하며 저축하는 과정 없이 원하는 것을 아무런 노력 없이 얻는 자녀들은 정작 살아가는 데 필요한 기술을 습득하지 못하는 셈이다.

추가로 지출이 필요하면 부모가 얼마나 부담할지 또 자녀가 자신이 저축한 돈으로 얼마나 부담해야 하는지에 대해 계획을 세우도록 하자. 만약 자녀의 바람대로 유명 브랜드의 전기기타를 사기로 했다고 하자. 기타를 손에 넣기 위해 아이가 온갖 기발한 수단을 동원해 돈을 모으는 모습을 보고 깜짝 놀랄지도 모른다. 아이가 가지고 싶은 물건을 부모가 턱턱 사 주지 못했다는 이유로 미안해하거나 이를 사과하지 말라. 자신이 원하는 것을 얻기 위해 스스로 저축하는 법을 배울 기회를 제공한 부모를 만난 것을 오히려 다행으로 여겨야 한다.

◆ 아이가 큰돈을 받으면 어떻게 관리해야 할까? ◆

설날과 추석, 어린이날, 학교 입학식과 졸업식 등등의 행사에는 가족과 친구들이 대거 참여하기 때문에 아이들은 큰 액수의 용돈을 선물로 받곤 한다. 부모는 이런 행사에서 자녀가 현금이나 수표를 한가득 주머니에 챙기기 전에 그 돈을 어디에 쓸지 자녀와 함께 미리 정해 둬야 한다. 집에 돌아와서 자녀가 복권에라도 당첨된 사람마냥 지폐로 뒤덮인 침실에서 구르고 있을 때, 차분하게 계획을 세우자고 하면 그게 될 리가 없다. 학자금 준비를 위한 계좌에 넣을지, 자녀가 원하는 것(방학 여행비나 악기 구입비 등)에 그 돈을 전부 소비할지, 자선단체에 기부를 한다면 얼마를 기부할지, 가족이 행사를 치르는 데 들어간 비용을 같이 부담할지, 그 돈을 나눠서 여러 가지 목적에 이용할지 등등 미리 계획을 세워야 한다.

이 선택은 집안의 재정 상태와 자녀가 받은 액수에 따라 달라질 것이다. 그 돈을 온전히 자녀에게 주고 싶은 경우에는 그 돈의 상당 부분을 떼어 학자금을 마련하는 등 장기저축 상품에 넣도록 한다. 부모가 내키지 않는 경우는 예외지만, 자녀가 뜻깊은 자선사업이나 자선단체를 직접 선택해 돈의 일부를 기부하는 것도 매우 좋다. 아이가 받은 선물이니만큼 부모의 돈이 아니라 자녀의 돈일 테지만, 고등학생이라도 아직 어리기 때문에 현명한 계획을 세우도록 부모가 도와야 한다. 장차 성인이 되어 직장에서 상여금을 받았을 때라든가 세금을 두둑하게 환급받았을 때를 대비한 좋은 훈련이 될 것이다.

 대학생   20 yrs old

대학생 때는 저축을 많이 할 수 있는 시기가 아니다. 대학생 자녀가 저축한 돈은 대부분 학비와 대학 생활을 유지하는 데 쓰이게 된다. 따라서 학비와 생활비를 충당하고도 남을 정도의 저축을 하려면 졸업한 후에나 가능하겠지만 대학생 자녀에게 유용한 몇 가지 조언을 아래에 소개한다.

저축한 돈의 일부를 대학 생활비로 사용하자

앞서 언급했듯이 조사 결과를 보면 자녀가 소액이라도 제 손으로 학비를 마련한 경우 그렇지 않은 학생들보다 대학 생활에 보다 적극적이고 학점도 더 높을 가능성이 크다. 교재비를 부담하든, 기숙사를 꾸밀 비용을 부담하든, 학비를 일부 부담하든, 자녀가 자신의 생활비를 분담하도록 하는 것은 현명한 조치다. 고등학생 용돈 교육 앞부분에서 이야기했던 대로 부모가 자녀에게 고등학생 때부터 대학 학자금을 마련하는 용도로 저축하는 방법을 가르친다면, 자녀는 적게나마 제 손으로 학비를 마련할 수 있다.

방학을 이용해 돈을 저축하자

방학은 돈을 벌기에 가장 좋은 시기다. 방학 기간 동안 일을 하면서 돈을 저축해 두면 학자금대출에 대한 부담도 줄어든다. 또한 학기 중에 일하는 시간을 줄여 공부에 전념할 수 있다. 대학생 자녀가 방학에 무급 인턴십과 같이 돈이 되지 않는 일을 하겠다면, 그에 따르는 기회비용을 꼼꼼히 따져 보도록 해야 한다. 이 경우에는 방학 동안 일하면서 모은 돈으로 생활하며 학기를 보내는 대신 일터에서 시간을 보낼 가능성이 크다.

사회 초년생

24yrs old

더 이상 다른 길은 없다. 성인이 되었으니 자녀는 재정적으로 독립해야 하고 그러려면 당연히 저축을 해야 한다. 이 시기에는 당장의 만족을 포기하고 뒤로 미루는 능력이 그 어느 때보다 중요해진다. 사회 초년생 자녀를 둔 부모에게 유용한 원칙을 소개한다.

비상금을 마련하자

장성한 자녀에게 비상금을 항상 비축해 두어야 한다고 말하면, 아마도 자녀는 볼멘소리로 임금은 낮은데 임대료는 높다며 자신들의 세대는 사실상 저축이 불가능하다고 토로할 것이다. 이때 부모는 그렇기 때문에 더더욱 몇 푼이라도 꼬박꼬박 저축해야 하는 이유를 설명해야 한다. 문제가 발생했을 때 재정적으로 엄청난 불행을 겪을지 그저 불편을 감수하는 정도에서 그칠지는 비상금 유무에 달려 있다. 예를 들어 회사에 출퇴근을 하려면 자동차가 필수인데 차가 고장이 나도 고칠 돈이 없으면 회사에 가지 못한다. 또한 갑자기 일자리를 잃어도 돈이 없으면 월세를 내지 못해 사는 집에서 쫓겨나야 한다.

성인이 된 자녀는 부모의 울타리 안에 머물지 말고 자신의 안전망을 스스로 구축해야 한다. 일반적으로 비상금은 6개월 치 생활비 규모를 말한다. 이 정도면 새로 일자리를 찾을 때까지 생활비를 변통할 수 있다. 사회 초년생 자녀에게는 일단 3개월 치 생활비를 비상금으로 확보하도록 가르치자. 이 정도면 그리 부담스럽지 않은 목표다. 최근 조사에 따르면 한국 미혼 직장인들은 한 달 생활비로 약 86만 원을 지출하는 것으로 조사되었다. 가장 많이 지출되는 항목은 식비, 주거비, 교통비 및 차량 유지비 순이었다. 해마다 이러한 통계가 발표되고 있으니 이를 참고해서 대략 필요한 생활비를 예측하고 준비할 수 있다.

고금리 대출금을 우선 상환하라

통장에 돈 한 푼 없이 최근에 대학을 졸업한 청년이라면 무슨 대출금 상환이냐며 코웃음을 칠지도 모르겠다. 하지만 사회 초년생 자녀가 반드시 알아야 할 중요한 개념이다. 심지어 부모들조차 이 원리를 잘 모르는 경우가 많다. 결론을 먼저 말하자면 이렇다. 사회 초년생 자녀는 이제 본격적으로 돈을 저축하게 될 텐데, 그 돈은 반드시 고금리 대출을 갚는 데 먼저 사용해야 한다는 것이다.

예를 들어 자녀에게 신용카드 빚이 100만 원이 있고 금리가 18퍼센트라고 하자. 그리고 금리가 1퍼센트인 예금계좌에 100만 원이 있다고 하자. 한 해가 지나면 자녀는 신용카드 회사에 이자로 18만 원을 내야 하고, 예금계좌에서는 고작 1만 원을 벌게 된다. 즉, 은행에 계속 돈을 둔다면 사실상 17만 원의 손실을 입는 셈이다. 만약 그가 100만 원을 써서 신용카드 빚을 갚는다면 예금이자로 수익을 내지는 못해도 값비싼 이자를 지불할 일도 없다. 17만 원 손해를 보는 것보다는 이쪽이 훨씬 나은 선택이다.

그러면 앞서 언급한 비상금 저축이 없어도 된다는 뜻인지 의문이 드는 부모도 있을 것이다. 이는 상황에 따라 다르다. 자녀가 부모와 함께 사는 경우에는 고금리의 대출금부터 자기 힘으로 갚고, 그런 다음 앞으로 자신이 독립해 거주할 집의 보증금과 월세한 달 치를 저축하면 좋다. 이는 부모와 함께 사는 자녀가 얻는 경제적인 혜택이다. 다만 이 경우에도 매달 신용카드 청구액을 전액 상환하지 못하겠다면 카드를 쓰지 말아야 한다. 자녀가 독립해 따로 사는 경우에는 적어도 저축한 돈의 절반은 고금리 대출금을 갚는 데 쓰고 나머지 절반은 비상금 전용 통장에 넣어 두기를 추천한다. 일단 한 달 치 생활비를 확보하고 나면 카드 빚 상환액을 차츰 늘린다. 그리고 카드 빚을 청산하고 나면 그때 최소 3개월 치 생활비에 해당하는 비상금을 저축하도록 하자.

저축을 생활화하자

행동경제학자들에 따르면 누가 시키지 않아도 알아서 저축하게 만드는 일은 치과에서 신경치료를 즐겁게 받도록 만드는 일만큼이나 쉽지 않다. 따라서 자녀가 급여를 받을 때마다 저축할지 말지 고민할 필요 없이 곧장 저축예금 계좌로 돈이 들어가는 상품을 찾아야 한다. 말하자면 우리 뇌를 감쪽같이 속이는 방법이다. 애초에 급여통장에서 보지 못한 돈이었다면, 저축예금 통장으로 이체할 때 느낄 상실의 고통을 겪지 않아도 된다. 자녀가 일하는 회사에서 임금의 일부를 별도의 저축예금계좌에 자동으로 입금하는 상품을 운영하고 있는지 살펴보자. 그게 아니면 급여일에 급여통장에서 저축예금계좌로 자동으로 이체하도록 조치하는 방법도 있다. 이 작은 조치 한 번으로 장차 큰 보상을 얻게 된다.

사고 싶은 물건이 있어도 저축이 우선이다

자녀가 학교를 졸업하고 사회생활을 시작하면 돈을 써야만 할 것 같은 항목이 백만 가지는 된다. 처음으로 신용카드를 발급받은 자녀에게는 특히 위험천만한 시기다. 부모가 자녀에게 가르칠 경제 개념 중에 이 책을 통틀어 어쩌면 가장 중요한 개념 중 하나가 바로 목돈이 드는 품목을 사기 위해서는 그만한 돈을 저축할 때까지 기다려야 한다는 것이다. 물건을 사려면 먼저 저축을 해야 한다는 소리가 요즘 사람들에게는 구식으로 들릴 수도 있겠다. 그러나 '저축 먼저'라는 원리는 부모가 자녀에게 줄 수 있는 최고의 조언임에 틀림없다.

자녀와 함께 사는 것도 전략이다

기숙사 생활을 하거나 잠시 독립했다가 대학을 졸업한 후에 다시 부모 집으로 들어가는 것은 현명한 선택일 수 있다. 자녀가 집에 들어와 살겠다고 하면 부모는 몇 가지 기본 규칙을 세워야 한다. 그중 하나가 저축을 해야 한다는 것이다. 장차 독립해서 살아갈 집을 마련하는 것은 물론 비상시를 대비하기 위함이다. 그렇게 하지 않으면 독립했다가도 조만간 다시 부모 집으로 돌아오는 모습을 보게 될 것이다. 부모는 다음과 같은 조건을 고려해 자녀가 지켜야 할 조건들을 명시한 계약서를 준비해야 한다. 자녀에게(저축하는 데 지장이 없는 선에서) 소정의 월세를 받을 것인가? 그 외에 자녀에게 기대하는 사항(집안일, 식비 등)은 무엇인가? 만약 자녀에게 돈을 빌려준다면 이자를 받을 것인가?

주택 마련을 위한 저축에 대해 대화한다

대학을 졸업하고 몇 해 지나지 않아 자녀가 집을 마련하는 것은 매우 현실성이 없는 이야기다. 그러나 일찌감치 돈을 저축해 놓는다면 불가능한 일도 아니다. 다만 자녀와 이런 식으로 대화를 시작해서는 안 된다.

"녀석아, 내가 네 나이 땐 집도 사고 애도 셋이었어!"

이런 말로 부모의 권위가 서진 않는다. 바뀐 세상을 이해하지 못하는 고지식한 부모로 비칠 뿐이다. 게다가 경제적인 통계자료를 봐도, 지금 세대는 기성세대에 비해 자기 집을 마련하기까지 시간이 더 오래 걸릴 수밖에 없다. 자녀가 비상금을 충분히 확보했고, 급여에서 퇴직연금을 적립하고 있다면 이제부터는 자기 집을 마련하기 위해 적은 금액이라도 매달 적립하도록 자녀에게 권하자(자녀의 첫 주택대출에 관한 자세한 정보는 6장 후반부를 참고하기 바란다).

일반적으로 주택을 구매할 때 전체 금액의 최소 10퍼센트를 계약금(매매 약정의 표시로 매입자가 매도자에게 먼저 지불하는 돈)으로 내야 하는데, 사회생활을 시작한 자녀는 이 돈을 마련하기 위해 저축해야 한다. 최근 조사에 따르면, 한국의 전국 아파트의 중위가격은 3억 4000만 원이다. 이는 자녀가 3400만 원을 계약금으로 준비해야 한다는 뜻이다. 이를 위해서는 저축예금 계좌나 양도성예금증서, 또는 물가연동 채권이나 머니마켓펀드처럼 안전한 금융상품에 투자해야 한다.

자녀가 집을 살 때 부모가 돈을 보태야 한다는 의무감을 느낄 필요가 없다. 집을 살 때 부모에게 도움을 받지 않은 이들이 훨씬 많다. 미국의 어느 조사 결과, 주택 구입 계약금을 마련하는 데 부모와 친척들의 도움을 받은 이들이 25퍼센트 정도였다. 또한 마지막으로 덧붙일 말이 있다. 주택 구입 시에 자녀에게 돈을 보태 주었다고 해서 자녀가 어느 동네에서 살아야 하는지 또는 어떤 주택이나 아파트를 구입해야 하는지에 대해 이러쿵저러쿵 간섭해서는 안 된다. 부모야 안정성이나 향후 매도 시의 가치 등을 고려해 좋은 의도로 하는 말이겠지만 그 집의 주인은 부모가 아니므로 자녀가 결정할 일이다.

참고 기다릴 줄 아는
아이로 키우는 6가지 전략

우리 아이들이 수도승처럼 물질적인 것들을 모두 멀리할 필요는 없다. 고도의 훈련을 받아야 하는 것도 아니다. 자기가 진짜 가지고 싶은 물건이 생기면 그것을 얻기 위해 돈을 허투루 쓰는 대신 저축하는 습관을 먼저 들이도록 몇 가지 기술만 익히면 충분하다. 수십 년 전 마시멜로 실험을 고안했던 탁월한 심리학자인 월터 미셸Walter Mischel 교수의 연구를 토대로 부모들에게 유용한 전략 6가지를 소개한다.

전략1 원칙을 상기하게 한다

아이들이 사고 싶어 하는 물건이 가득한 장소에 들어가기 전에 간단한 계획을 세운다. 가게에 들어가기 전에 아이에게 이렇게 단서를 다는 것이다.

"오늘은 네 형(또는 오빠) 속옷만 사러 온 거야. 그러니까 네가 갖고 싶은 걸 발견해도 오늘은 그걸 사는 날이 아니라는 점을 명심하도록 해."

그리고 부모 본인도 이 원칙을 지킬 것임을 덧붙이는 게 좋다. 가게에 들어가기 전에 아이에게 해도 되는 일과 하면 안 되는 일을 미리 알려 주면, 아이가 충동구매를 하거나 생떼를 부리지 않도록 마음의 준비를 시킬 수 있다. 사탕이나 인형을 사고 싶은 마음이 들 때 어떻게 대응하면 좋을지 아이와 미리 연습하는 것도 좋다. 그 과정에서 아이는 구매 유혹을 물리칠 수 있는 마음의 준비를 할 수 있다.

전략 2 기회비용을 고려하게 한다

마트 계산대 주변에 진열된 치즈 감자칩을 보는 순간 아이는 지금 저축하고 있는 돈으로 사려는 물건이 훨씬 더 근사하다는 사실을 망각할 수 있다. 이때는 지금의 충동구매가 앞으로 초래할 부정적 결과에 초점을 맞추는 것이 순간의 충동을 극복하는 데 무척 효과적인 것으로 밝혀졌다. 따라서 앞선 상황에서는 다음과 같이 이야기할 수 있다.

"만약 오늘 이 감자칩을 사는 데 돈을 쓰면 꼭 갖고 싶은 레고 장난감을 사기까지 더 오랜 시간이 걸릴 거야."

아이가 과자 앞에서 머뭇거릴 때 부모는 아이에게 진짜 원하는 것을 얻기 위해 참고 기다리는 일이 쉽지 않다는 점을 공감해 주고, 자신도 예전에 충동을 이기지 못해 갖고 싶었던 물건을 손에 넣기까지 오래 참고 기다려야 했던 경험이 있음을 말해 주자. 그리고 고민 후에 아이가 충동구매 유혹을 이겨 내거든 그 점을 칭찬해야 한다.

전략 3 주의를 딴 데로 돌린다

마트 계산대 앞에 서 있던 아이가 갑자기 생떼를 부리기 시작한다.

"사탕을 안 사 주면 집에 안 갈래. 사탕 하나만 사 줘. 엄마 아빠는 날 사랑하지 않나 봐. 사탕 사 줘. 사탕. 사탕!"

이때 부모는 어떻게 해야 할까? 부모는 이럴 때 써 먹을 수 있는 비장의 무기를 하나쯤 준비해 둬야 한다. 재미난 이야기나 농담을 들려줘도 좋고, 귀여운 고양이나 신나는 롤러코스터 동영상을 휴대전화로 보여 줘도 좋고, 또는 아무에게도 이야기하지 않겠다고 약속하면 특별한 비밀을 이야기해 주겠다고 제안해도 좋다. 일단 가게에서 데리고 나온 뒤에는 사탕을 그렇게 사고 싶어 했는데 잘 참았다며 자녀를 칭찬하자. 아이가 부모에게 서운한 마음이 남아 있을지 모르지만, 결국 아이는 부모가 주의를 딴 데 돌린 덕분에 사탕을 사고 싶은 충동을 잊을 수 있었음을 깨닫게 된다.

전략 4 상상력을 활용한다

좀 엉뚱하지만 효과를 증명한 방법이 하나 있다. 어떤 물건을 보고 충동구매 욕구가 일어나면 그것이 실물이 아닌 사진이나 그림이라 생각하고 머릿속으로 그 물건을 액자에 담는 상상을 하는 것이다. 마시멜로 실험에서 가장 높은 자제력을 보였던 아이들 몇몇은 이 과정을 자연스럽게 해냈다고 한다. 어린아이들이 이해하기에는 다소 추상적이지만 이 개념을 선뜻 이해하는 아이들도 있다. 아이가 사고 싶어 하는 물건이 개미나 벌레에 뒤덮여 있는 것처럼 상상하는 것도 효과적인 전략이다. 가게에서 사고 싶은 장난감을 본 아이가 혼잣말로 저건 고장이 났다거나 쓰레기라고 말한다든지, 사탕을 보고 저건 맵다거나 먼지로 덮여 있다고 말한다면 유혹과 싸워야 하는 쇼핑 게임에서 현재 이기고 있다는 의미다.

전략 5 습관을 들인다

저축을 습관화하자. 다음과 같은 메시지를 생활 속에서 일관되게 전달해야 한다.

"일을 해서 받았든 선물로 받았든 현금이 손에 들어오면 그 즉시 저금통에 넣도록 하자꾸나."

이 일은 아이의 의지력에만 맡겨 둬서는 안 된다. 의지력만으로는 실천하기에 아직 쉽지 않은 일이다. 저축을 정기적으로 찾아오는 재미난 이벤트처럼 여길 수 있도록 유도한다. 당연히 여기에는 즐겁게 돈을 쓰는 일도 포함한다.

"금요일에 학교에 돌아와서 아이스크림을 먹기로 했으니까 수요일에 엄마 아빠에게 사탕을 사 달라고 하면 안 되겠지? 당연히 수요일에는 사 달라고 해도 안 사 줄 거야. 금요일에만 특별한 선물을 사는 거야. 그렇게 사탕을 사지 않고 남은 돈을 꾸준히 저축하면 나중에 네가 원하는 더 큰 선물을 살 수 있단다."

전략6 다른 사람의 입장에서 생각해 보게 한다

　다른 사람이라면 어떻게 행동했을지 생각해 보도록 지도하는 것도 유혹의 순간에서 잠깐 빠져나와 구매욕을 스스로 이겨 낼 수 있게 하는 좋은 방법이다. 그 다른 사람이 누구인지는 아이가 스스로 정하게 하자. 아이가 아는 사람 또는 자기가 좋아하는 만화 주인공일 수도 있고 아니면 자기가 만들어 낸 가상의 영리한 아이일 수도 있다. 아이들은 누군가의 의논 상대가 되어 주기를 좋아한다. 따라서 이 기법을 쓰면 아이들은 충동적으로 구매를 결정하지 않고 다른 누군가의 시선에서 보다 냉정하게 자신의 선택을 바라보고 결정할 수 있게 된다.

아이가 성장하는
용돈 교육의 5가지 원칙

내가 수많은 부모에게 용돈을 주제로 질문을 던졌을 때 그들이 멋쩍어하며 했던 말들을 한마디로 요약하면 이렇다.

"우린 용돈을 주는 데 영 서툴러요."

그들은 체계 없이 주먹구구식으로 자녀에게 용돈을 주고 있다고 고백했고 좋은 부모가 되지 못할까 봐 초조해하고 있었다.

"새해 첫날부터 매주 용돈을 주기 시작했어요. 처음 4주 동안은 정말 잘했어요."

세 자녀를 둔 캐시는 이렇게 말했다.

"한 달이 지나고는 용돈 주는 걸 몇 번씩 까먹었는데 그렇게 반년이 훌쩍 지나더군요. 그러다 보니 누가 누구에게 얼마를 빚졌는지 계산하기도 어려웠어요."

용돈 때문에 고민이 많을 부모들의 초조함을 덜 수 있는 소식을 하나 전하고자 한다. 자녀에게 용돈을 주고 안 주고가 부모에게 진짜 중요한 문제는 아니라는 것이다. 이것이 용돈을 주제로 세계 곳곳에서 발표한 학술논문을 스무 건 넘게 검토하고 나서 내가 도달한 결론이다. 그중 캐나다 학자들의 한 논문에 따르면, 용돈을 받은 아이들은 그러지 못한 아이들에 비해 신용카드 개념과 물건값을 더 잘 이해했다. 반면 영국에서 진행한 한 연구 결과에 따르면, 용돈을 받는 아이들은 아르바이트로 자기가 쓸 돈을 벌었던 아이들에 비해 저축을 잘하지 못했다. 결국, 돈 감각 있고 이재에 밝은 아이로 키우는 방법에 관해서는 이 책의 조언을 따르고 용돈 문제에 관해서는 각자 옳다고 생각하는 대로 실행하라는 것이 내가 이 책을 읽는 부모들에게 줄 수 있는 최선의 조언이다.

개인적으로는 자녀에게 돈을 주는 방법으로 용돈이 실용적이고 괜찮은 방법이라고 본다. 다만, 아래에 소개하는 원칙에 따라 용돈을 지급할 때에만 그렇다. 근래에 용돈 관리 앱이나 관련 웹사이트가 증가하고 있는데, 자녀에게 용돈을 주기 위해 이들 사이트에 꼭 가입할 필요는 없다. 이 가운데 일부 앱이나 웹사이트에서는 콩이나 크레딧 형태의 온라인 화폐를 발행한다. 사용자들은 이 화폐로 특정 아이템을 구매하거나 특정 온라인 상점에서 물건을 구입하기도 한다. 이것들은 진짜 돈이 아니기에 개인적으로 이런 온라인 수단은 선호하지 않는 편이다. 자신에게 맞는 온라인 수단을 찾아 잘 활용하고 있다면 다행이지만, 이때도 용돈에 관해 부모가 자녀와 직접 나눠야 하는 대화까지 온라인 수단이 대신할 수 없다는 점은 염두에 두기 바란다.

원칙 1 원칙을 분명히 하라

용돈 원칙은 단순하고 현실적이어야 한다. 용돈을 줄 때 처음부터 아이들에게 이 돈을 어디에 써야 하는지 분명히 알려 주는 것이다. 가정마다 형편이 다르기에 구체적인 지침은 부모가 결정하기 나름이다. 몇 가지 원칙을 살펴보자. 먼저 초등학생 자녀에게 적용할 규칙은 단순해야한다. 식료품, 필수 의복, 친구의 생일 파티에 가져갈 생일 선물이라든가 이따금 관람하는 영화비는 부모가 부담한다. 그 외에 새로 유행하는 머리핀이라든가 극장에서 파는 초콜릿 과자, 스마트폰 앱에 드는 추가비용 등은 아이들이 부담하도록 한다.

아이들이 중학생이 되어도 기본적인 비용은 대부분 부모가 부담하는 것이 원칙이지만, 다만 부모가 부담하는 비용이 어디까지인지 자녀에게 알려야 한다. 이를테면 학교에서 입을 5만 원짜리 청바지는 부모가 구입해 주되 자녀가 10만 원짜리 청바지를 원한다면 나머지 차액을 아이들이 부담하도록 한다. 고등학생이 되면 자녀에게 더 많은 용돈을 주게 되므로 그만큼 책임감도 더 많이 요구된다. 이제부터는 친구에게 주는 선물이라든가 친구들과 어울리는 비용도 스스로 부담하게 해야한다. 자녀가 대학생이 되면 패러다임이 완전히 바뀐다. 이에 대한 구체적인 지침은 5장을 참고하자. 아울러 부모가 원칙을 세웠다면, 그 원칙은 그냥 세운 게 아니라 가족 예산 계획에 맞춰 운영되고 있다는 점도 자녀에게 분명히 알려 줘야 한다.

원칙 2 일관성을 유지하라

올바른 원칙을 세우는 일도 중요하지만 그 원칙이 무엇이든 꾸준히 지키는 일이 더 중요하다. 영화 「사운드 오브 뮤직」에 등장하는 완고한 폰 트랩 대령의 집안처럼 매주 똑같은 시간에 호루라기로 자녀들을 불러 모아 정해진 용돈을 차례로 줄 수 있다면 무척이나 좋겠지만 현실은 영화와 다르다. 실제로 많은 부모가 이따금 용돈 주는 일을 깜빡하고, 또 믿기 힘들 수도 있겠지만 많은 아이들도 용돈 받는 것을 깜빡한다. 그러나 한두 번 이런 일이 발생했다고 해서 용돈 교육을 망친 건 아닌지 걱정하지 않아도 된다. 정해진 날짜에 자녀들에게 밀린 용돈을 주면 되고, 용돈 일자와 금액 등 관련 사항을 기록하도록 하자.

원칙 3 재량권을 부여하라

간식에 지출할 수 있는 총액이나 장난감 총과 립스틱 같은 금지 품목을 정하는 등 나이 어린 자녀에게는 용돈 지출에 관한 규칙을 몇 가지 세워도 좋다. 그러나 대체로 자녀가 중학교에 들어간 이후로는 자기가 원하는 물건을 살 수 있는 자유를 줘야 한다. 얼마나 많은 용돈을 줄 것인지는 부모가 직접 통제해야 하는 영역이다. 다른 부모들에게 물어 현재 일반적으로 통용되는 용돈 시세가 어느 정도인지 파악해 놓으면 좋다.

부모들 사이에는 일주일 단위로 자녀의 나이에 해당하는 용돈을 줘야 한다는 경험칙이 있다. 열 살 아이라면 일주일에 용돈을 1만 원 지급한다는 말이다. 이 원칙대로라면 사춘기 이전 자녀에게 1년에 약 52만 원을 용돈으로 줘야 하는데, 일부 부모들은 이는 말도 안 되는 일이라고 판단한다. 만약 이 용돈의 규모가 가족 예산의 한도를 초과한다면 그 판단에 동의한다. 하지만 가족 예산을 넘지 않는다면 이런저런 물건을 자녀에게 사 주면서 부모가 지출하는 대신 자녀에게 용돈으로 지급하는 것도 좋다고 본다. 자녀에게 용돈을 주는 것은 그 돈을 어떻게 소비할지 스스로 결정할 수 있는 권한을 부여하는 것이다. 열 살 먹은 아이에게 그런 재량권을 허용하는 것은 과도하다고 판단할 수도 있다. 그러나 돈이 떨어져 자신이 원하는 물건을 구매하지 못하는 상황 등을 통해 돈 관리를 제대로 익힐 수 있는 좋은 기회가 되기도 한다. 이때 자녀가 제대로 교훈을 얻으려면 앞서 다룬 두 번째 원칙, 즉 부모가 일관성을 유지하는 것이 가장 중요하다.

원칙 4 되도록 현금을 사용하라

여러 연구 결과를 보면 사람들은 온라인에서 결제할 때나 신용카드로 결제할 때 돈을 더 많이 쓰는 경향이 있다. 결제로 인한 경제적 부담을 덜 느끼기 때문이다. 그런 까닭에 자녀에게 현금으로 용돈을 지급하는 것이 중요하다. 자녀가 온라인 사이트에서 용돈으로 자신이 원하는 상품을 구입할 때라면, 부모가 현금을 받고 온라인에서 대신 결제해 줄 수 있다.

편리함 때문에 많은 부모가 직불카드를 선호하지만, 개인적으로는 자녀가 대학생이 되기 전까지 직불카드로 용돈을 지급하는 것을 추천하지 않는다(그 이유를 알고 싶다면 6장을 참조하기 바란다). 초등학생 자녀에게는 용돈 교육을 할 때 용돈을 한 번에 전부 지출하지 말고, 계획적으로 나눠서 쓰고 일부는 저축하는 것이 왜 중요한지 알려 줘야 한다. 용돈 교육에 관한 여러 연구를 보면, 용돈을 지급하는 것도 좋지만 이를 기회로 자녀와 돈에 대해 대화를 나누는 일이 더 중요하다는 점에는 이견이 없어 보인다.

원칙 5 용돈과 집안일을 결부시키지 말라

여러 연구에 따르면 자녀들에게 집안일을 시키는 것은 유익하다. 아이들은 집안일을 하면서 책임감을 배우고 다른 사람을 돕는 일의 중요성을 터득하기 때문이다. 그러나 집안일을 용돈과 결부시키는 것은 바람직하지 않다. 초등학생 자녀에게 설거지가 끝난 그릇을 정리하게 하고, 세탁 바구니에 세탁물을 담을 때마다 매번 가격을 협상할 생각이 아니라면 집안일을 한 대가로 돈을 지급하는 방식은 지양해야 한다. 집안일은 가족의 구성원으로서 마땅히 참여해야 한다. 다만, 주어진 몫 이상으로 일을 거들 경우에는 정당한 대가를 지급하면 되는데, 이는 용돈이 아니라 노동에 대한 보상이다.

집안일이라든가 그 밖의 바람직한 행동을 했을 때 자녀에게 용돈을 지급하면 역효과가 날 수도 있다. 내가 보기에는 부모들이 화가 났을 때 용돈을 협박이나 보복의 수단으로 쓰는 경우가 너무 많다.

"침대 정리를 왜 안 하니? 이렇게 하면 앞으로 용돈은 없어!"

만약 아이가 용돈 1만 원을 받지 않는 대신 기꺼이 침대를 정리하지 않기로, 또는 귀가 시간을 어기기로 결정하면 어떻게 할 것인가? 문제점을 알아차렸는가? 자녀 훈육과 용돈을 연계시키지 말고 용돈 문제는 별개로 다뤄야 한다.

4장

땀 흘리는 자에게
보상이 따른다

자녀에게 무엇을 바라느냐고 부모들에게 물어보면 돌아오는 대답은 한결같다.

"아이들이 행복하기를 바라지요."

당연히 훌륭한 대답이다. 그러나 자녀가 원하는 대로 물건을 사 주고 즐거운 경험을 제공함으로써 자녀의 행복을 위하는 방식은 많은 부모가 흔히 범하는 잘못이다. 여러 설문조사 결과를 참고하면, 행복한 삶을 구성하는 요소는 근면 성실하게 일하며 자신이 세운 목표를 달성하고, 땀 흘려 얻은 대가를 즐기는 것이다.

무슨 말인지 이해를 돕기 위해 나의 이야기를 하고자 한다. 어렸을 때 아버지는 늘 '우리 집안에서는 하고 싶은 일을 하기 전에 해야 할 일부터 끝낸다'라고 말씀하셨다. 우리 코블리너 집안에서 흥청망청 파티를 즐긴 기억은 확실히 별로 없다. 나나 우리 형제들과 어머니는 지금도 아버지의 가훈을 생각하며 웃음 짓지만, 돌아보면 더없이 좋은 양육 원칙이었음에 틀림없다. 기쁘고 재미있는 일을 찾는 것도 좋지만, 자기가 맡은 일을 제대로 처리하는 데서 오는 자부심을 먼저 느껴야 한다고 아버지는 강조했다. 그 일이 숙제든 설거지든 상관없었다. 우리 아버지의 경우에는 훌륭한 교장이 되는 것이 당신이 맡은 일이었다. 성실하게 일할 때 느끼는 성취감이 성공적이고 행복한 삶을 이루는 열쇠임을 아버지는 본능적으로 아셨던 것 같다.

이 원리를 깨달은 사람이 비단 우리 아버지만은 아니었다. 수십 년 뒤 펜실베이니아대학교의 앤절라 더크워스Angela Duckworth 심리학 교수도 동일한 주제를 파고들었다. 맥아더 재단의 '천재장학금'을 수상한 더크워스 교수는 '포기하지 않는 힘'(일명 그릿grit, 이하 근성)이 있는 사람이 학업성적뿐 아니라 소득도 더 높고, 평생에 걸쳐 더 많이 저축하며 전반적으로 삶에 더 만족한다는 사실을 발견했다. 더크워스의 연구 중에 가장 놀라운 발견은 자녀가 성공하는 데 지능이나 재능보다 근성이 더 중요하다는 것, 그리고 가장 고무적인 발견은 자녀의 근성을 키울 수 있다는 사실이다.

선천적으로 어느 정도의 의지력을 타고났는지와 관계없이 부모가 자녀의 근성을 키우는 것은 가능하다. 성실함을 타고난 아이들이 있는가 하면, 느긋하고 근심 걱정이 없는 아이들도 있다. 그래도 상관없다. 부모가 할 일은 자녀들이 맡은 일을 할 때, 즉 집안일이든 학교 숙제든 방과 후 활동이든 돈을 받고 하는 일이든 꾸준히 계속하는 법을 알려 주는 것이다.

이번 장은 주어진 과제에 끝까지 몰두하는 법은 물론, 일의 우선순위를 정해 언제 전력을 다해야 하는지 또 언제 한발 물러서도 좋은지 자녀에게 가르치는 법을 다룬다. 아래 제시한 양육 원리에 따라 자녀를 가르치는 것이 결국 부모의 수고를 더는 일이다. 이는 곧 재정적으로 더 탄탄하고 더 독립적이며, 더 행복한 어른으로 자녀를 키우는 일이기 때문이다.

 ## 유아기

4yrs old

부모들이 생각하기에 이 시기에 자녀들이 보여 주는 근성이란 놀이터에서 모래성 쌓기에 열중하는 것 정도다. '만 세 살 아이가 무슨 일을 얼마나 할 수 있겠는가'라고 생각한다면 이 글을 계속 읽어 보시라. 이 시기야말로 근면성이라는 싹을 틔우기에 가장 수월한 시기다.

집안일은 마땅히 해야 하는 일이다

많은 가정이 농촌에 살았던 과거에는 집안일이 협상의 대상이 아니었다. 해야 할 집안일은 많았고 그 일을 대신 해 줄 사람이 따로 있지 않아서 너 나 할 것 없이 모든 가족이 집안일에 참여해야 했으며 그게 자연스러웠다. 그러나 오늘날 설문조사를 보면 대다

수 부모들은 아이들에게 집안일을 많이 시키지 않는다고 한다. 세탁기나 청소기와 같은 가전제품의 개발, 요리 시간을 줄이는 외식 문화의 발달, 아이들의 전반적인 학습 시간 연장 등등. 당신이 생각하는 원인은 또 무엇이 있는가? 그러나 자녀에게 설거지를 시키는 게 쓸데없는 시간 낭비라고 판단하기 전에 생각해 볼 게 있다. 일군의 미취학아동들을 20대 중반의 성인이 될 때까지 추적조사한 미네소타대학교 연구진에 따르면, 학위 취득과 취업을 비롯해 높은 성취도를 보인 이들은 어려서부터 집안일을 거들었던 것으로 나타났다.

두세 살짜리 어린아이를 둔 부모들은 다행히 자녀에게 집안일을 시키기가 쉽다. 부모라면 설거지를 하거나 청소를 하는 중에 자신을 지켜보던 아이가 재미 삼아 집안일을 따라 하는 장면을 다들 목격했을 것이다. 아이들의 따라 하기는 보통 길게 유지되지 않는다. 부모는 이때를 십분 활용해야 한다. 자기 신발 정리 또는 자기 옷 걸기 같은 간단한 과제를 하나 골라 매일 똑같이 시키고, 아이가 일을 곧잘 해내면 즉각 칭찬해야 한다. 또 설거지 후에 플라스틱 그릇의 물기를 닦는 일이나 세탁물 분리 등은 가능한 만큼 요청하면서 조금씩 더 어려운 과제를 골라 아이에게 도움을 청하자. 일 처리가 완벽하지 않아도 괜찮다. 유아기에는 매일 집안일을 거드는 데 의의가 있는 것이지 먼지 한 톨 없이 집을 깨끗하게 유지하려는 데 목적이 있지는 않다.

돈은 노동의 대가임을 알려 주자

내 친구 멜린다는 어렸을 때 아버지의 직업이 신문을 읽어 주는 일이라고 생각했다. 아버지의 실제 직업은 중학교 상담교사였는데, 친구가 보기에는 아버지가 아침마다 신문을 겨드랑이에 끼고 출근하기 때문이었다. 유아기에는 직업이 무엇인지, 일하러 가는 것과 돈을 버는 것 사이에 어떤 연관성이 있는지 이해하기가 쉽지 않다. 부모가 일을 해서 돈을 벌고 있다는 사실, 아이가 누리는 모든 것은 부모가 직장에 나가서 일을 한 대가라는 사실을 아이에게 말로 설명할 수도 있지만 직접 보여 주는 것이 더 효과적이다.

여건이 된다면 하루 날을 정해 자녀를 데리고 직장에 데려가거나 아니면 주말에 잠깐 일터에 들러서 자신이 근무하는 사무실과 책상, 작업실을 보여 주자. 아이는 테이프를 갖고 놀아도 좋고 회전의자에 앉아서 놀게 해도 좋다. 부모는 아이에게 자신이 하는 일을 되도록 명쾌하고 단순하게 설명하고, 그 일을 해서 돈을 벌고 있다는 사실을 아이에게 설명하자. 그리고 그 돈으로 집세를 내고 식품이나 장난감을 살 수 있다고 반복해서 알려 주자. 부모가 아이들 눈높이에 맞게 설명하면 복잡한 일이라도 아이들은 이해할 수 있다.

대기업의 온라인 커뮤니티 관리자였던 한 어머니가 생각난다. 그녀는 고객 게시판이 원활하게 유지되도록 돕고 기업을 대변해 고객을 지원하는 업무를 맡고 있었다. 그녀의 네 살짜리 아들에게 엄마가 무슨 일을 하느냐고 묻자 아이는 이렇게 대답했다.

"우리 엄마는 인터넷에서 나쁜 말을 쫓아내요!"

일이 있다는 것은 감사한 일이다

아들이 아주 어렸을 때 유치원 교사에게서 정말 값진 조언을 들은 적이 있다. 그녀는 학부모들에게 벌레와 곤충을 좋아하는 것처럼 행동해 달라고 주문했다. 이유는 이렇다. 유치원에서 지구과학 수업을 하는데 아이들 대부분이 땅을 파며 흙을 갖고 노는 것을 좋아했다고 한다. 하지만 아이들은 생물 학습에는 큰 흥미를 보이지 않았다. 방과 후에 아이들을 집에 데려가려고 도착한 부모들이 아이들이 가져온 벌레를 보고 징그러워하며 소리를 높이기 일쑤였기 때문이다.

아이들은 어른을 보면서, 특히 부모를 통해 많은 개념을 받아들이고 선입관을 갖게 된다. 그러니까 부모가 자기 일을 대하는 태도(아이 앞에서 자신의 직업에 대해 하는 이야기)는 자녀의 직업관 형성에 영향을 미친다. 만약 자신이 하는 일을 즐기고 있거든 그렇다고 자녀에게 설명하고 표현해 주자. 비록 현재의 일이 마음에 들지 않더라도 그래도 일이 있어 좋다는 말 정도는 자녀에게 할 수 있을 것이다. 일에서 자부심을 느낀다는 사실을 알리는 것이 중요하다.

주변 사람들의 진짜 직업을 보여 주자

텔레비전에서 보는 직업뿐만이 아니라 식당 주인, 의사, 교사

등 일상에서 늘 목격하는 직업에 대해 아이와 함께 이야기하면서 다양한 직업군들을 소개하자. 그러면 자기 주변에 있는 사람들이 모두 돈을 벌기 위해 일한다는 사실을 확인하게 되고, 언젠가 자기도 일을 하게 된다는 생각이 은연중에 자리 잡는다. 살림을 전담하는 아빠나 엄마가 있다면 청소 및 세탁, 요리, 자녀의 방과 후 활동에 필요한 예산 및 물품 관리 등 전업주부로서 여러 업무를 맡고 있다는 사실을 알려 주자. 내가 여기서 하고 싶은 말은 세상에는 다양한 직업이 있음을 유아기 자녀가 눈으로 직접 보게 하자는 것이다.

자녀의 재능이 아니라 노력을 칭찬하라

스탠포드대학교의 심리학자 캐럴 드웩Carol Dweck은 여러 연구를 통해 살펴본 결과, 자녀가 똑똑하다거나 재능이 있다고 부모가 자주 칭찬한 경우에 오히려 근면성이 떨어지는 등 악영향을 미쳤다고 말한다. 아이의 타고난 재능을 부모가 입에 침이 마르도록 칭찬하면, 아이는 처음으로 어려운 과제에 직면했을 때 쉽게 좌절할 가능성이 높다. 일이 수월하게 진행되지 않으면 그동안 칭찬만 받은 아이는 자기 재능이 한계에 도달했다고 생각해 금세 포기할지도 모른다. 따라서 부모는 자녀가 어려운 과제를 해내기까지 어떤 노력을 했는지에 대해 구체적으로 칭찬하는 것이 좋다.

만약 자녀가 그림을 그려서 보여 주면 "예술적 감각을 타고났구나"라고 말하지 말고 "이 그림을 열심히 그리는 모습을 보니 좋구나. 특히 두 개의 원을 연결하는 저 선을 파란색으로 칠한 게 마음에 드는구나"라고 말하는 것이다. 바스키아 같은 천재 화가가 될 것이라는 칭찬은 오히려 역효과가 날 수 있지만, 어떤 행위를 구체적으로 칭찬한다는 것은 자녀가 그림 그리는 과정을 눈여겨 봤음을 나타낸다. 어떤 일에 끈기 있게 매달리는 능력을 부모가 길러 준다면, 식당에서 아르바이트를 하건 학생 신분으로 공부에 전념하건 살다 보면 어려운 일이 있고 그 난관을 극복하며 나아가는 것이 인생이라는 사실을 자녀는 선뜻 받아들이게 된다.

배트맨 효과를 활용하자

유아기 아동이라도 스스로 맡은 일을 열심히 하는 사람이라고 상상하면 과제를 오래 수행하는 법을 배울 수 있다는 흥미로운 연구 결과가 있다. 몇몇 연구자들은 이 연구를 가리켜, 동심을 살려서 '배트맨 효과'라고 부르기도 한다. 4~6세 아이들을 대상으로 진행한 실험에서 연구진은 아이들에게 '착한 이웃'이 되어 달라고 부탁하고 10분 동안 지루한 과제를 맡겼다. 또 연구진은 재미있는 게임이 설치된 태블릿 PC를 건네주고 언제든 쉬고 싶으면 쉬라고 말했다. 그러고 나서 아이들을 세 그룹으로 나눠 주기적으로 자신에게 질문을 던지게 했다. A 그룹에는 "나는 지금 열심히 일하고 있니?"라고 자문할 것을 주문했고, B 그룹에는 자기 이름을 넣어 자문할 것을 주문했다(이를테면, "사만다는 지금 열심히 일하고 있니?"). 그리고 C 그룹에는 탐험 소녀 도라나 배트맨 같은 만화 주인공을 선택하게 해서 망토나 관련 도구를 제공한 뒤, "배트맨은 지금 열심히 일하고 있니?"라고 자문할 것을 주문했다.

실험 결과, '나'로 시작하는 질문을 던진 그룹의 아이들이 과제에 집중한 시간이 가장 짧았고, 도라나 배트맨이 되어 본 그룹의 아이들이 과제에 집중한 시간이 가장 길었다. 심리학자들은 이 기법을 '자기 거리 두기self-distancing'라고 하는데, 이 방법은 유아기 자녀에게 적용하기가 훨씬 수월하다. 해야 할 일이 있을 때 아이들에게 그들이 동경하는 인물을 선택하게 하고 '그 인물로 변신해' 행동하라고 격려해 보자.

초등학생

8yrs old

초등학생이 되면 돈을 버는 재미를 붙여 직접 생산 활동을 하거나 벼룩시장에서 물건을 판매하는 데 관심을 보이기도 한다. 용돈벌이를 하고 싶어 하는 초등학생 자녀들에게 쓸 수 있는 유용한 방법과 몇 가지 원칙을 살펴보자.

가족이라면 집안일을 하는 것이 마땅하다

앞서 언급했듯이 연구 결과를 보면 집안일을 거드는 아이들이 그러지 않은 아이들보다 성인이 되어 성공적인 인생을 꾸릴 확률이 높다. 이는 어려서부터 집안일을 분담하면서 성취감을 얻고, 가족의 한 구성원으로 협력하면서 원만한 관계를 맺어 온 덕분이 아닐까 한다.

부모는 아이들 수준에 맞는 집안일을 배분하고 어떤 결과를 바라는지를 명확하게 말해 줘야 한다. 아이와 함께 일정을 짜면 자녀의 동의를 구하기 쉽다. 해당 일이 완수되지 않을 경우 자녀가 어떤 대가를 치를지도 사전에 논의하자. 초등학생 자녀가 제안하는 벌칙이 너무 가혹해서 깜짝 놀라게 될지도 모른다. 그런 제안을 받거든 부모가 합리적인 벌칙을 제안하는 것이 좋다. "침구를 정리하지 않았다고 해서 한 달간 텔레비전을 못 보는 것은 너무 가혹해. 그러지 말고 주말에 텔레비전 시청 시간을 한 시간만 줄이는 것으로 하면 좋지 않을까?"와 같이 다시 논의하는 것이다.

이렇듯 가족이 협의해서 집안일을 배분하고 목록을 완성하면 각자 집안일에 협력하고 있다는 연대감이 형성된다. 집안일 목록의 맨 마지막에는 "또 도울 일이 있나요?"라고 질문을 던지는 항목을 추가해도 좋다. 이러한 장치는 아이가 가족의 일원으로서 다른 사람을 배려하고, 정해진 집안일만 끝내면 된다는 마음가짐을 갖지 않도록 강조하기 위해서다. 그리고 자기 몫의 집안일을 했다고 절대 아이에게 돈을 줘서는 안 된다.

추가로 일을 한 경우에는 대가를 지불한다

자기 몫의 집안일을 한 대가로 돈을 주면 안 된다고 누차 분명하게 말했다. 하지만 자녀가 매일 하는 집안일 외에 추가로 일을 한 경우, 특히 아이가 하지 않았으면 다른 사람을 고용해서라도 처리해야 할 일이라면 아이에게 돈을 줘도 좋다. 차고 청소나 컴퓨터 사진첩 정리 같은 일들이 여기에 해당한다.

지금은 작가가 된 레이철이 아홉 살일 때 그녀의 아버지는 농장 마당을 깨끗하게 청소하면 매주 몇 달러를 벌 수 있다고 이야기했다. 레이철은 다음과 같이 말하며 청소를 하면서 자신감을 얻었다고 한다.

"동생들이 여기저기 장난감을 어질러 놓고 가면 누가 그랬는지 잡아서 된통 혼내기도 했어요."

부모가 아이디어를 동원하면 돈을 벌고 싶어 하는 아이의 욕망을 좋은 방향으로 활용할 수 있다. 자녀에게 집안의 에너지를 절약하는 책임을 맡기고(전깃불을 끄고, 코드를 뽑고, 에어컨 온도조절기를 감시하는 것), 전기 요금이 많이 나올 때와 적게 나올 때 그 차액만큼 돈을 지급하는 방법도 있다. 창고에 쌓인 물건들을 정리할 필요가 있는가? 아이들에게 살펴보게 하고 벼룩시장에서 팔 만한 것들이 있으면 가져가도록 허락하자(물론 부모가 먼저 살펴본 뒤에). 나도 아이들에게 다락 정리를 시킨 적이 있는데, 아이들은 할머니가 오랫동안 보관했던 만화책들을 팔아 돈을 벌 수 있게 되자 무척 기뻐했다. 액수가 크지 않아도 초등학생에게는 소중한 경험으로 남는다.

맡은 일이 있다는 것은 행복한 일이다

초등학교 고학년이 되면, 부모도 일하기가 싫을 때가 있다는 사실을 자녀에게 이야기해도 좋다. 직장 상사와도 항상 사이가 좋은 것은 아니라는 사실(아이도 유치원에서 좋아하지 않는 선생님이 있을 수 있는 것처럼)도 마찬가지다. 왜냐하면 세상을 살면서 모두 언젠가는 직면할 현실이기 때문이다. 사회에서 만나게 되는 사람을 늘 좋아할 수는 없지만, 항상 상대를 존중해야 한다는 점은 짚고 넘어가야 한다.

노동자로서 또는 학생으로서 처지에 맞게 행동할 필요성에 대해서도 이야기하자. 이와 동시에 일이 있기 때문에 감사하게도 음식과 의복, 주택을 마련하는 데 필요한 돈을 벌고 있다는 사실도 설명하면 좋다. 또 회사에서 진급하기 위해 더 열심히 일한다든지 자신에게 더 잘 맞는 일을 찾아 부서를 옮기는 방안을 고려하는 등 노동자로서의 가치를 올리기 위해 어떤 행동을 할 수 있는지 설명하자. 승진하기 위해 맡은 일을 열심히 하고, 회사 내에서 이동 가능한 부서를 탐색하는 등 실제로 부모가 어떻게 직장 생활을 하고 있는지를 설명해도 좋다.

고위직에 오르거나 더 좋은 일자리를 찾기 위해 새로 학위를 따고 자격증을 취득하는 등 구체적인 자기계발 계획에 대해 자녀와 대화해도 좋다. 직업에 관한 대화를 나누면서 부모가 초등학생 자녀에게 한 가지 분명하게 전할 교훈을 꼽자면 이것이다. 때로는 일자리가 마음에 들지 않을 수도 있지만, 돈을 벌 수 있는 일자리가 있어서 행복하다는 것.

돈이 전부가 아니다

어른들에게는 진부하게 들리겠지만, 초등학생 자녀에게는 그렇지 않다. 아이가 커서 경제적으로 안락한 삶을 영위하기를 바라는 게 부모 마음이지만, 그저 연봉이 높다는 이유로 부모가 대신 특정한 직업을 선정해 주는 것은 큰 잘못이다. 초등학생 자녀를 둔 부모는 아이에게 자기가 즐길 수 있는 직업을 선택하는 것이 중요하며, 돈이 최선의 가치는 아님을 알려 주어야 한다. 얻는 게 있으면 잃는 게 있다는 사실에 대해 아이와 대화를 나누자.

부모가 젊은 시절에 적성에 맞는 일과 연봉이 높은 일 중에서 고민한 적이 있다면 고민 끝에 어떤 결정을 내렸는지를 자녀에게 들려주자. 이때 정확한 연봉 액수까지 언급하지는 않아도 된다. 돈을 많이 벌지는 못하지만 자신이 좋아하는 예술계에 몸담고 있는가? 교사, 사회복지사, 인권변호사처럼 사회에 기여할 수 있는 일을 하면서 만족하고 있는가? 또는 사업체를 운영하고 있다면, 그 사업을 좋아하는 이유에 대해 자녀와 이야기해 보자. 사람들을 관리하는 일이 즐거운 경우도 있고, 기업가 정신에 매료된 경우도 있을 것이다. 돈을 받는 것 외에 일을 해서 어떤 점이 좋은지 자녀에게 구체적이고 분명하게 이야기하자.

모든 직종의 사람들을 존중하자

얼마 전에 야구장에서 봤던 한 아이와 그의 아버지가 생각난다. 열한 살쯤 되어 보이는 아이가 직원 전용 구역에 들어가 경기장의 모습을 사진으로 찍으려 했다. 좌석 안내원이 아이에게 나오라고 지시했으나 아이는 그 말을 무시하고 촬영을 계속했다. 그의 아버지는 무례하게 행동하는 아이 곁에 서서 아무 말도 하지 않았다. 사소한 사건일 수 있지만 아이의 아버지는 아이에게 공공장소에서 무례한 행동을 해도 괜찮다는 메시지, 게다가 성실하게 업무를 수행 중인 누군가를 무시해도 상관없다는 메시지를 암묵적으로 전달한 셈이다.

많은 부모는 자녀가 다른 사람에게 정중하게 부탁하거나 감사 인사를 하도록 가르친다. 말로 가르치는 것도 좋지만 부모가 자녀에게 좋은 본보기가 되어 공공의 편익을 위해 일하는 사람들에게 친절하게 행동하는 것도 중요하다. 설령 식당 종업원이 실수로 다른 음식을 내와서 기분이 나쁘다고 해도 무례하게 굴어서는 안 된다. 상대가 버스 운전사든 가게 점원이든 본인의 일을 성실히 하는 이들에게 친절하게 미소 짓고, 인사하는 게 돈 드는 일도 아니지 않은가.

자녀의 주도권을 빼앗지 말라

한 친구가 주말에 해변으로 여행을 갔다가 길가에서 본 멋진 음료 가판대에 대해 말한 적이 있다. 갓 짜낸 신선한 레모네이드가 멋들어진 유리 주전자에 담겨 있고, 흠 잡을 데 없는 초콜릿 컵케이크가 냉장 상태로 놓여 있었으며, 간판은 캘리그래피 전문가가 며칠은 공을 들여 제작한 것처럼 보였다. 다들 예상하듯이 가판대 주인으로 보이는 아이 두 명은 지루한 얼굴로 서 있고, 자식 걱정이 많은 두 부모가 그 주위를 맴돌고 있었다고 한다. 여기서 문제는 무엇일까? 이들 부모는 아이들을 도와주고 싶었겠지만, 결과적으로는 아이들의 모험을 진두지휘해 아이들이 그 모험을 통해 얻을 기쁨을 훼손하고 열정과 의욕을 떨어뜨렸다.

초등학생 자녀가 물품 판매로 돈을 벌고 싶어 할 때 부모가 이를 지원하는 것은 좋은 일이다. 그러나 부모가 처음부터 끝까지 일을 주도하면 재미는 물론 시행착오의 기회마저 빼앗는 셈이다. 설령 아이가 손님 앞에서 레몬 믹스 봉지를 뜯어 레모네이드를 만들고 상자에서 쿠키를 바로 꺼내 판매하려고 하더라도, 이 모든 과정을 아이가 주도하도록 두는 것이 가장 좋다.

부모가 주도권을 행사하면 아이가 장사를 경험하면서 배울 수 있는 수익 개념에 대해서도 제대로 배울 수가 없다. 음료 가판대 운영은 아이에게 맡기고 하루 장사가 끝나고 정산할 때 아이 옆에 앉아 도와주는 것을 추천한다. 아이는 현금을 세어 보고, 벌어들인 돈에서 재료비(레몬, 설탕, 종이컵 등)를 빼며 계산한다. 이때 부모는 선택과 대안에 관해 이런저런 질문을 던지면서 한쪽을 추구하면 다른 한쪽은 희생할 수밖에 없다는 상충관계 개념을 가르칠 수 있다.

"유기농 코코아가루 같은 원자재를 쓰지 않고 브라우니믹스를 이용하면 비용을 얼마나 절약할 수 있을까? 간편한 레몬 믹스를 사용하지 않고, 시간은 더 들지만 신선한 진짜 레몬을 짜서 주스를 만드는 게 더 좋을까? 직접 레몬을 짜서 주스를 만들 때 그 수고까지 감안하면 레모네이드 주스 가격을 얼마로 정하는 게 좋을까? 얼마로 팔아야 더 많은 수익을 낼 수 있을까?"

이처럼 부모가 전면에 나서서 멋들어진 가판대를 만들어 주는 것보다 한 발짝 물러서서 필요한 조언을 제공하는 것이 더 중요하다.

직업인의 최종 목적은 '부자 되기'가 아니다

초등학교 5학년 아들이 다니는 학교를 방문한 앤디는 아들이 장래 희망으로 '프로 농구선수로 유명해져 부자가 되겠다'라고 적어 둔 글을 읽고 적잖은 충격을 받았다. 그러면서 앤디는 내게 이렇게 말했다.

"그 녀석 아비인 나는 천식도 있고 키가 작아서 점프슛은 꿈도 못 꾸는 사람이니 그런 일이 현실이 될 리 없지요."

'네 안에 잠재된 위대함을 실현하기 위해 네가 할 일은 오직 네 꿈을 따라가는 것'이라고 자녀를 응원하는 것이 부모의 역할이라는 인식이 언젠가부터 상식이 되었다. 자녀가 공놀이를 좋아하거나 노래 부르기를 좋아해서일 수도 있겠지만, 그 일로 큰돈을 벌 수 있다고 생각해 실현 가능성이 희박한 꿈을 꾸고 있다면 부모로서 단호하지만 부드럽게 충고하는 것이 좋다. 이런 대화를 나누려면 당연히 적절한 기회를 포착해 아이의 수준에 맞게 설명해야 한다.

아이의 꿈을 격려하면서도 한편으로는 NBA 리그에 진출하는 것보다 MBA 학위를 취득하는 것이 현실적으로 가능성이 훨씬 크다고 지적해 주는 편이 좋다. 물론, 아이가 2미터까지 쭉쭉 자라고 덩크슛에 뛰어난 재능을 발휘할 수도 있다. 미래의 일을 누가 알겠는가? 미래를 생각한다면 자녀에게 다른 대안을 소개하는 게 전혀 나쁠 건 없다. 또 초등학생 아이가 돈 버는 데만 열정을 보이는 듯싶어도 기겁할 일은 아니다. 자연스러운 성장 과정일 뿐이지 나중에 책 『월가의 늑대』에 나오는 주식 중개인들처럼 괴물이 된다는 의미는 아니다.

 ## 중학생

14yrs old

중학생이 되면 할 일이 더 많아지고 스스로 일을 찾아내 돈을 벌기도 한다. 동시에 부모는 중학생 자녀가 해야 할 일, 즉 경제적 보상을 받지 않아도 꼭 해야 하는 중요한 일들에 관해 강조해야 한다. 가장 중요한 일은 학업일 것이다. 중학생 자녀가 균형 있게 일하는 법을 익힐 수 있도록 부모가 도와주는 방법을 살펴보자.

집안일의 난도를 높인다

중학생이 되면 어릴 때보다 더 어려운 과제를 수행할 수 있고,

고등학생에 비해 숙제나 학업에 대한 부담은 덜하다. 중학생은 낙엽을 치우거나 자신의 빨래를 세탁하는 등 어른들이나 할 수 있는 일을 해내면서 어깨가 으쓱해진다. 일단 중학생 자녀에게 일하는 요령을 가르쳐 주었다면 그 후로는 간섭하지 말아야 한다. 집안일을 탁월하게 수행하는 것이 목표가 아니라 자녀에게 자립성을 길러 주는 것이 핵심이다. 부엌 바닥이나 욕조를 청소하라고 아이에게 계속 잔소리하느니 내가 직접 하는 게 더 빠르고 속 편하다고 생각하는 부모가 많다. 그 심정은 십분 이해한다. 하지만 이런 집안일은 아이들이 반드시 익혀야 하는 기술이다.

내가 아는 고등학생들 중에는 대학입시를 준비하는 것보다 빨래하는 일로 스트레스를 더 많이 받는 아이들도 있다. 화장실을 청소하는 법, 프라이팬을 깨끗이 닦는 법, 어지르지 않고 바닥을 대걸레질하는 법은 모두 알아 두면 유용하게 쓰이는 기술이다. 아이가 나이를 먹을 때마다 부모는 자녀의 연령대에 맞게 새로운 집안일을 조금씩 익힐 수 있도록 이끌어 주면 좋다. 중학생이 되어 새로 맡은 집안일들을 가족의 일원으로서 마땅히 해야 할 일로 정할지, 아니면 대가를 지불하는 일로 정할지는 부모가 결정할 일이다.

노동의 값을 적절하게 책정하라

내 친구 조카가 중학교 2학년에 올라가 처음으로 보모 일을 구했을 때 내가 안 하느니만 못한 조언을 했던 일을 지금도 기억한다. 그때 나는 아기 엄마가 비용을 물어보면 이렇게 대답하라고 제시했다.

"주실 만큼 주시면 됩니다. 귀여운 아이들과 함께 있는 것만으로도 충분한 보상이 되니까요."

나는 그것이 예의 바른 대답이라고 생각했으며 그 아기 엄마가 돈을 안 줄 일은 없으리라고 친구 조카에게 단언했다. 하지만 내 착각이었다. 수당을 받을 때가 되자 그 아기 엄마는 이렇게 말했다고 한다.

"네가 돈을 받고 싶지 않다니 어쩌겠니. 고마워! 대단하구나!"

그러고는 진짜로 한 푼도 주지 않았다. 기억하자. 자녀가 예의 바르게 행동하는 것은 좋지만 나이가 어리다는 이유로 자기 노동의 가치를 낮추는 일은 잘못이다. 아이들 돌보기, 정원 손질하기, 이웃의 어르신들께 스마트폰 사용법 가르쳐 드리기 등등 부모는 자녀가 용돈벌이를 할 때 의뢰인에게 적정 가격을 요구할 수 있도록 자녀를 도와야 한다.

먼저 자녀에게 자신의 친구들이 비슷한 일에 수당으로 얼마를 받는지 미리 조사하도록 하고, 의뢰인이 아르바이트 수당을 물어보면 정중하면서도 솔직하게 액수를 제시하도록 한다. 이는 노동 시장의 기본 개념을 설명하기에 좋은 학습 기회다. 만약 보모 일에 대한 대가를 다른 아이들보다 더 많이 요구하면, 이를테면 다른 아이들은 시간당 1만 원을 요구하는데 자기만 2만 원을 부른다면 경쟁에 밀려 고객을 찾기 어렵다. 반대로 너무 낮은 임금을 요구할 경우 자신의 가치를 헐값에 파는 것이다.

어떤 일을 시작했다면 중도에 그만두지 않는다

자녀가 학교 축제에서 부스 하나를 담당하는 일을 맡았을 때나 아니면 피아노 학원이나 축구부 같은 방과 후 활동을 할 때나 부모는 아이가 맡은 책임을 다할 것을 다짐받는 것이 중요하다. 어떤 일을 하기로 약속하고서 한 학기 또는 일 년도 지나지 않아 하기 싫다고 중간에 그만두는 것을 허락해서는 안 된다. 피아노 교습은 적어도 일 년 정도는 받아야 하며, 축구팀에 들어갔으면 리그가 끝날 때까지는 뛰게 해야 한다. 그러고 나서 부모는 아이와 함께 앉아 해결책을 모색하도록 한다. 일시적으로 슬럼프에 빠져 다른 활동으로 바꿔야 할지 아니면 너무 무리하게 활동을 하고 있으니 활동을 줄여야 하는지 생각해 봐야 한다.

물론 이때 최종 결정은 부모가 내려야 한다. 개인적으로는 강사가 아이들에게 너무 가혹하거나 아이와 함께 수업을 듣는 아이들이 못되게 굴 경우에는 중도에 그만두게 한다. 그러나 일단 시작한 과정이라면 끝까지 완주하는 것이 원칙임을 자녀가 잊으면 안 된다. 특히 함께하던 활동을 중도에 그만둘 경우, 나머지 팀원들이 갑자기 그 공백을 감당해야 할 일이 생긴다면 그것은 부당한 일임을 깨닫게 하자. 이럴 때 역지사지하는 법을 알려 주는 것도 좋다.

중도에 포기하고 싶었지만 달리기 경주를 완주했던 경험이나 하기 싫었던 걸스카우트 활동을 끝까지 해낸 경험이 있는가? 나중에 그 시간을 돌아보며 무척 뿌듯했다는 이야기를 자녀에게 들려주자. 부모가 그 후로 20년이 넘도록 마라톤 대회에 나간 적이 없고, 걸스카우트 대원 때 받은 배지를 한 번도 쳐다본 일이 없어도 상관없다. 오래전 일이지만 포기하고 싶었던 어떤 일을 끝까지 해 낸다는 것은 무척 기분 좋은 일이라는 사실을 자녀에게 증언했으면 그것으로 충분하다.

최저임금에 관해 공부하자

한국의 2020년 최저시급은 8590원이며 2021년 최저시급은 전년도 대비 1.5% 인상된 8720원이다. 한국에서는 1988년부터 저임금의 제도적인 해소와 근로자의 안정된 생활 보장을 위해 최저임금법이 실시되었다.

중학생 자녀가 최저임금 액수를 알아야 하는 이유는 무엇일까? 최저임금제의 도입 배경과 최저임금 영향률 등을 알고 있다면 현재 진행 중인 여러 논란에 관해 중학생 자녀와 풍부한 대화를 나눌 수 있다. 정부가 최저임금을 인상해 나가는 이유는 무엇인가? 일부 고용주들이 인상에 반대하는 이유는 무엇인가? 적절한 해결책은 무엇인가? 고등학교 수업처럼 토론까지 할 필요는 없지만, 최저임금 문제는 중학생 자녀와 논의할 가치가 있다.

아이의 기업가 정신을 진지하게 대하자

어떻게든 돈을 벌고 싶은 중학생 아이들은 "조이와 제가 음식에서 벌레가 나온 것처럼 연기하면 식당에서 우리 입을 막기 위해 돈을 줄 거예요"와 같이 허황된 돈벌이 전략을 제안하곤 한다.

때로는 "내 얼굴에 음료 회사의 이름을 새기면 그 회사에서 나에게 광고비를 줄 거예요"처럼 엉뚱한 사업 아이디어를 내놓기도 한다. 부모는 이럴 때 짜증 내지 말고 아이의 말에 귀를 기울일 필요가 있다. 아이들이 나름대로 진지하게 생각해 낸 아이디어들이기 때문에 부모가 이를 단박에 무시해서는 안 된다. 좋은 아이디어는 격려하고, 나쁜 아이디어는 멀리하도록 완곡하게 타이른다. 그리고 가상으로든 실제로든, 안전성이나 윤리에 어긋나는 일은 분명하게 안 된다고 말한다.

 ## 고등학생

17yrs old

고등학생 자녀가 해야 할 가장 중요한 일은 공부다. 자신이 원하는 대학에 들어가고, 장학금까지 받을 수 있는 확률을 높이는 최고의 방법은 공부를 열심히 하는 것이다. 하지만 공부에 집중하는 데 방해되는 요인이 많다. 부모가 할 일은 다음 세 가지 지침을 기준으로 자녀가 우선순위를 제대로 설정하도록 돕는 것이다.

집안일을 줄여 나간다
이 책에서는 지금까지 중고등학생들에게 집안일을 시켜야 한다는 복음을 설파해 왔다. 그런데 갑자기 왜 입장을 바꾸었을까? 이유는 이렇다. 고등학생들은 전에 없이 치열하게 살고 있다. 이렇게 된 데에는 여러 가지 원인이 있다. 극성스러운 학부모, 일류 대학을 향한 과열 경쟁, 학생들의 과도한 열정. 이유야 무엇이든 고등학생들이 느끼는 학업 부담은 당면한 현실이다. 연구 결과를 봐도 요즘 고등학생들은 그 어느 때보다 스트레스를 많이 받고 있다. 과중한 선행학습에 대학 수능 시험 준비, 스포츠, 음악 활동을 비롯해 손가락으로 꼽기도 힘든 여러 활동에 세탁과 방 청소까지 해야 한다면 정말이지 지나치다 싶을 것이다.

하지만 집안일에서 자녀를 완전히 해방시키는 것도 정답은 아니다. 식탁 치우기(적어도 자기 접시를 싱크대에 갖다 놓는 것)와 이부자리 정리하기 같은 일들은 계속해야 한다. 자녀가 어떤 집안일이든 골치 아파하지 않고 좋은 습관을 유지하고 있다면 그대로 둬도 좋다. 그러나 부모가 그동안 자녀에게 집안일을 시키는 데 지나치게 느슨한 적이 없었다면, 지금은 자녀와 이 문제로 전쟁을 치를 때가 아니다.

아르바이트는 방학에 한다

한국의 경우 만 15세 이상 18세 미만 미성년자는 가족관계증명서 및 부모 동의서를 받으면 1일 최대 8시간, 1주 최대 40시간 내의 아르바이트가 가능하다. 고등학생 자녀가 학기 중에 아르바이트를 하면 재정적 부담을 줄일 수 있는 부모가 많다. 자녀는 아르바이트를 하면서 진짜 세상을 경험할 수 있다. 더구나 제 손으로 직접 돈을 벌면 부모에게 받는 용돈이나 생일 선물로 받은 돈과는 달리 온전히 자기 것으로 느끼게 된다. 일주일에 서너 시간 정도 아르바이트를 하면 성적 향상에 도움이 된다는 연구 결과도 있다. 나는 약국과 식당 등에서 일했던 고등학교 때의 경험을 지금도 즐겁게 회상한다. 어쨌든 고등학생 자녀가 아르바이트를 할지 말지는 결국 부모의 가치관과 재정 형편에 따라 결정된다.

자녀가 해야 할 공부도 많은데 방과 후 아르바이트까지 하면 아이가 짊어질 부담이 너무 크다고 생각하는 부모들이 있는데, 거기에 대해서는 나도 같은 생각이다. 고등학생 자녀의 아르바이트에 대해 부모들이 조심스러워 하는 데에는 근거가 있다. 미국 노동통계청 연구에 따르면, 고등학생들은 아르바이트가 있는 날에는 공부하는 시간이 49분가량 줄어든 것으로 나타났다. 또 공부하는 데 시간을 더 많이 투자한 아이들이 더 높은 점수를 얻었다는 연구 결과도 여럿 있다. 그러니 부모 입장에서는 무리하고 싶지 않은 것은 당연하다. 되도록 자녀가 학기 중에는 아르바이트를 하지 않게 하고, 돈 버는 일은 방학 기간에 집중하도록 하자는 게 내 조언이다. 물론, 학업에 지장을 주지 않는 선에서 보모나 과외처럼 임시로 잠깐씩 하는 아르바이트를 자녀가 하는 경우는 아무 문제 없다.

◆ 고등학생의 아르바이트 규칙 3가지 ◆

만약 고등학생 자녀가 학기 중에 아르바이트를 할 생각이라면 그가 반드시 따라야 하는 몇 가지 규칙이 있다.

규칙 ❶ 학기 중에는 주당 15시간 이상 일하지 않는다

그 이상 일하면 성적이 떨어질 가능성이 높다. 연구 결과를 보면 주당 15시간 이상 일한 고등학생들은 그렇지 않은 학생들에 비해 대학 학위를 취득할 가능성이 매우 낮고, 중도에 고등학교를 그만둘 가능성은 더 높았다. 자녀가 아르바이트를 더 많이 하고 싶다고 하면 방학을 활용하도록 지도하자.

규칙 ❷ 학업이 먼저다

고등학생 자녀가 카페 등에서 일한다고 하면, 그 관리자는 교대 근무에 차질이 없게 하려고 기말고사 기간에도 변함없이 몇 시간씩 열심히 일하라고 요구할 수도 있다. 이런 관리자라면 당연히 시험에 미칠 영향 따위 고려하지 않을 것이다. 아직 학생이기 때문에 어른을 상대로 자기 입장을 내세우는 건 서투를 수밖에 없다. 부모는 자녀가 하는 아르바이트가 중요한 시험이나 학교 활동에 방해가 되지 않는지 자녀와 대화하고 확인해야 한다.

규칙 ❸ 대학 학자금을 마련하기 위해 저축하자

만약 자녀가 자기가 번 돈으로 옷과 전자기기 등을 구입하고 있다면, 대학 학자금 용도로 따로 저축할 만큼은 돈을 벌고 있다는 뜻이다. 또한 고등학생이라면 마땅히 대학 생활을 위해 미리 저축해야 한다. 미시간대학교의 제럴드 바흐만 Jerald Bachman에 따르면, 청소년기에 자신이 번 돈을 모두 소비하면서 느끼는 풍요로움은 '미숙한 풍요premature affluence'이다. 생활비를 조금 보태는 수준에서 자기가 번 돈으로 풍요를 누리는 고등학생들은 나중에 어른이 되어 누릴 수 있는 풍요의 크기를 비현실적으로 부풀릴 위험이 있다.

세금 제도를 공부하라

고등학생 자녀는 급여명세서를 받는다는 게 무엇을 의미하는지도 모를 수 있다. 최근 전 세계 청소년을 대상으로 실시한 한 조사에 따르면, 만 15세 청소년 4명 중에서 3명은 급여명세서를 이해할 능력이 없다고 한다.

부모는 특히 자녀에게 소득세에 대해 간략하게나마 설명할 필요가 있다. 거시적 차원에서 노동자들은 정부에 소득세를 지불하고, 정부는 이 세금으로 고속도로 건설부터 항공교통관제 유지, 국방비, 학교 운영비, 빈곤계층을 위한 의료보건에 이르는 모든 자금을 마련한다. 개인적 차원에서도 총급여(세금을 공제하기 전 금액)와 실수령액(세금을 공제하고 난 후의 금액으로 총급여액보다 적다)에 차이가 있다는 점부터 시작하여 자녀가 알아야 할 몇 가지 사항이 있다.

자녀가 아르바이트를 시작하면 소득의 종류에 따라 원천징수액이 정해진다. 그러나 한국에서는 일당이 10만 원 이하인 일용근로직이라면 원천징수액은 0원이다. 경우에 따라 회계연도 말에는 세금환급 신청서를 작성해 국세청에 보내기도 한다. 자신이 낸 세금이 많을 경우에는 환급금을 돌려받기 위해서다. 서류를 신청할 필요가 있는지 알기 위해서는 국세청 홈택스 홈페이지(hometax.go.kr)에서 확인할 수 있다. 소득세 외에 급여에서 공제되는 항목에는 지방소득세가 있으며, 4대 보험이 보장되는 일자리라면 국민연금, 건강보험, 고용보험, 산재보험 등의 사회보험세금이 있다.

◆ 급여명세서 미리 보기 ◆

고등학생 자녀가 첫 급여명세서를 받고 어리둥절해한다면 이와 관련된 기본 개념을 설명할 절호의 기회다. 여기에 소개된 항목이 자녀가 받은 급여명세서에 모두 등장하지는 않더라도 성인이 되면 알아 둬야 할 사실이다.

2020년 10월 급여명세서			
성명:○○○	부서: 영업팀	직책:대리	
지급항목	지급액	공제항목	공제액
기본급	2,000,000	소득세	25,950
직책수당	200,000	지방소득세	2,590
연장수당		고용보험	17,600
휴일수당		국민연금	99,000
상여금		장기요양	7,520
기타		건강보험	73,370
식대	100,000	퇴직연금	
교통비			
복리후생			
기타			
		공제총액	226,030
지급총액	2,300,000	차감지급액	2,073,970
귀하의 노고에 감사드립니다.			○○기업

1. **급여 지급 주기** 급여는 주로 매월 지급된다.

2. **세금** 근로소득 간이세액표에 따라 부과되며, 월급과 부양가족 수에 따라 달라진다. 소득세와 지방소득세 등 두 가지 종류의 세금이 있으며 지방소득세는 소득세의 10퍼센트가 부과된다.

3. **사회보험** 국가가 사회적 위험으로부터 국민을 보호하고 국민의 건강과 일정 이상의 소득 보장을 위해 가입을 강제한 사회보장제도의 일종이다. 고용보험, 국민연금, 건강보험, 장기요양보험 등이 해당하며 흔히 4대 보험으로 불린다.

4. **퇴직연금** 회사가 퇴직금 제도가 아니라 퇴직연금제도를 이용하고 있다면, 매달 월급에서 공제되는 퇴직연금이 급여명세서에 명시된다.

5. **지급총액과 차감지급액** 지급총액은 세금을 공제하기 전에 벌어들인 금액이며, 차감지급액은 세금과 기타 공제금액을 제하고 실제로 수령하는 금액이다.

 대학생

20yrs old

대학생 자녀는 학업을 최우선으로 두되, 일을 한다면 유급 일자리를 얻기를 추천한다. 아울러 취업 준비도 해야 하기 때문에 부모는 아래와 같은 원칙에 따라 대학생 자녀가 미래를 대비하도록 하자.

학기 중에는 시간제 일자리를 활용하자

여러 연구 결과를 보면 학내에서 일자리를 찾아 최대 주당 20시간가량 일하는 학생들이 일을 전혀 하지 않는 학생들보다 학점이 더 높은 것으로 나타났다. 여러 이유가 있겠지만, 대학 커뮤니티의 구성원으로서 자신들이 학교생활에 더 깊숙이 관여하고 있다는 자부심이 학업에 긍정적 영향을 미친다는 분석이다(이런 경향은 흥미롭게도 대학교 밖에서 아르바이트를 하는 학생들에게는 나타나지 않았다).

또한 UC머시드대학교 연구진이 미국 대학생을 대상으로 수행한 연구에서 근로와 학점의 관계에 대해 이렇게 분석했다. 필요에 의해서든 아니든 제 손으로 대학 등록금을 일부나마 마련한 학생들은 자신의 돈을 투자한 만큼 학업에도 더 집중하는 태도를 보였다고 한다. 게다가 고등학교와 달리 대학에서는 강의 시간이 보통 하루에 몇 시간 내외이기 때문에 일을 하는 것이 오히려 체계적으로 시간을 관리하는 데 도움이 된다고 생각하는 학생이 많다. 학교 도서관, 총학생회, 좋아하는 교수의 연구실 등 학내에서 일자리를 구한다면 근로시간이 너무 길지 않다는 전제하에 소득은 물론 학점 향상으로도 이어질 수 있다.

무급 인턴십의 장단점을 따져 보자

문화예술계 비영리단체라든가 심지어 일부 영리기업에서도 그곳에 첫발을 들여놓기 위해서라면 무급 일자리에 만족해야 할지도 모른다. 법에 따르면 고용주는 교육적 경험을 상당수 제공한다는 전제하에 무급 인턴제를 운영할 수 있다. 물론 이 교육적 경험에 대한 판단은 주관적이다.

고용주가 무급 인턴에게 합법적으로 요구할 수 있는 업무 범위가 어디까지인지가 최근 들어 상당한 논란이 되고 있다. 대표적인 사례를 하나 들어 보자. 폭스 서치라이트 픽처스가 2010년에 영화 「블랙 스완」을 제작할 당시 인턴으로 근무했던 청년들이 정당한 임금을 받지 못했다며 소송을 제기했다. 그들은 영화사 직원들의 점심 메뉴를 주문하고, 영화감독을 위해 알레르기 반응을 일으키지 않는 베개를 구하는 등 교육적 경험과는 전혀 무관한 잡일을 했다고 항의했다. 이 사건은 5년에 걸친 법정공방 끝에 타결되었으나 이후 유사한 사건의 소송이 연이어 진행 중이라 앞으로 결론이 어떻게 날지 관심이 집중되고 있다.

법정에서 어떤 판결이 나오건 특정 인턴십이 자기 경력을 시작하는 발판이 될지 아니면 그저 시간 낭비가 될지를 판단하는 것은 결국 자녀의 몫이다. 설령 쓰레기통을 비우는 일을 하더라도, 자신이 가고 싶은 업계의 회사나 비영리단체에서 업무를 관찰하고 배우며 귀중한 인맥을 형성할 기회로 삼을 수도 있다. 부모는 일찌감치 대학생 자녀와 이 문제를 구체적으로 논의해야 한다. 만약 자녀가 여름방학에 집을 떠나 무급 인턴으로 일하겠다고 하면, 월세와 생활비는 누가 지불해야 할까? 부모가 재정적으로 지원 가능한 경우 부모가 이 비용을 부담하기도 한다. 하지만 형편이 여의

치 않거나 자녀에게 생활비를 지원할 생각이 없다면 확실하게 의견을 밝히는 편이 좋다.

방학 기간에 무급 인턴을 한다면 자녀는 대학 생활비를 어떻게 조달해야 하는가? 저녁 시간과 주말에 식당에서 아르바이트를 하는 등 시간제일자리를 구하는 방법이 있다. 무급 인턴 중에서 실제로 40퍼센트에 육박하는 학생들이 이렇게 돈을 벌고 있다. 우선 인턴십을 신청하기 전에 자녀는 그 인턴십이 학점으로 인정되는지 학교 측에 문의하고, 또 유급 인턴십이라면 생활비를 충당할 정도가 되는지 회사 측에 확인해야 한다. 인턴십 경험이 입사의 발판이 되리라는 보장은 물론 없다. 어쨌든 방학이 끝나면 인턴십도 끝날 것이고, 그 이력은 자녀의 이력서와 인생에 남는다는 점을 기억하자.

사회 초년생

24yrs old

노동은 우리에게 목표 의식과 삶의 의미를 제공한다. 그저 돈을 벌기 위해서만 일을 하는 게 아니다. 대학을 졸업한 자녀가 직업을 찾는 데 필요한 부모의 역할을 살펴보자.

일단 취직부터 하자

자녀는 구글에서 일하고 싶어 했지만 그에게 입사를 제의한 곳은 의류회사인 갭 또는 커피 전문점인 스타벅스뿐이라고 하자. 이 때 부모는 그 어느 때보다 따뜻하게 자녀를 격려해야 한다. 예를 들면 티셔츠를 가장 깔끔하게 정리하는 직원이 되길 바란다고, 또는 가장 뛰어난 바리스타가 되길 바란다고 응원하자.

자녀가 업무 현장에서 낸 성과는 직장 상사와 동료, 고객의 인식을 바꿀 뿐 아니라 생각지 못한 경로를 통해 언젠가 보상을 받기도 한다. 내 친구 조카인 제이는 동물학자가 꿈이었고 대학원에 진학할 계획이었지만, 학자금을 마련하기 위해 두어 해 동안은 우선 돈을 벌기로 했다. 대학을 졸업한 그는 고향으로 돌아가 애완동물 용품 체인점에서 일했다. 그곳에서 일하면 동물을 가까이 할 수 있고, 애완동물을 키우는 사람들을 도울 수 있었다. 그는 이 일에 헌신했고, 이 경험 덕분에 샌프란시스코 동물원에서 인턴으로 일할 수 있게 되었다.

마지막으로 자녀가 어떤 회사에 들어갔다고 해서 그 회사를 계속 다녀야 한다고 느낄 필요는 없음을 알려 주자. 예전에는 직장을 얻으면 최소한 2~3년 정도는 꾸준히 다녀야 하고, 그렇지 않으면 자꾸 회사를 옮긴다는 부정적 인상을 심어 준다는 게 통념이었다. 하지만 대학을 막 졸업하고 회사에 들어간 대다수의 요즘 젊은이는 평균적으로 직장에 3년 이상 머물지 않는다. 재직 기간이 점점 짧아지는 추세인 것이다.

돈을 받는 일이 아니라면 다른 일을 찾자

대학에 다니는 동안에는 무급 인턴직도 흥미로운 분야를 체험하고 귀중한 경험을 쌓는 좋은 수단이 될 수 있다. 하지만 졸업한 이후에도 어정쩡하게 인턴 자리에 계속 남아 있는 것은 문제가 될 수 있다. 인턴제도는 고용주에게는 유용한 제도이지만, 진짜 일자리가 필요한 자녀에게는 장래성이 없는 일이 될 수 있다. 앞서 언급했듯이, 실제로 적지 않은 인턴들이 노동력을 착취당했다며 고용주들을 고소했다.

대학을 졸업한 자녀의 생활비를 무한정 보조할 생각이 아니라면 언제까지 재정적으로 자녀를 지원할지 분명히 밝혀 둬야 한다. 만약 인턴 기간이 끝난 후에도 정규직으로 전환되지 않거나 이력서에도 별 보탬이 되지 않는다고 생각되면, 이쯤에서 부모가 개입하는 것도 좋다. 개인적으로는 무급 인턴으로 6~9개월 근무한 후에는 연말에 정규직으로 전환을 요구하든지 그게 아니라면 보수를 받는 새로운 일자리를 찾기를 추천한다. 자녀가 계속 무급 인턴에 머물러 있지 않도록 부모가 말려야 한다.

겸손하되 꼼꼼하게 협상하라

나는 첫 일자리를 전화상으로 제안받았는데 상대가 언급한 연봉을 그 자리에서 받아들였다. 그런데 몇 분 뒤 사장이 다시 전화를 걸어 연봉을 너무 낮게 제시해 꺼림칙하다고 말하는 게 아닌가. 순진했던 나는 뭐라고 말했을까?

"아니에요, 아니에요! 저는 아주 좋습니다."

사장은 당연히 이렇게 대답했다.

"알겠습니다."

그렇게 해서 나는 결국 낮은 초봉으로 일을 시작해야 했다. 부끄럽지만 이 이야기를 꺼낸 이유는 여러 조사 결과에서도 나타났듯이 청년과 여성 근로자 등 임금 협상에 소극적으로 임하는 사람들에게 협상 과정이 얼마나 긴장되는 일인지 잘 보여 주기 때문이다. 초봉 금액을 적절하게 제시하는 것이 중요하다. 여러 조사 결과를 보면, 임금 인상은 회사에 들어가고 난 후에도 10년간 이뤄지는데, 이때 초임을 근거로 산정한다. 그런데 시중에는 안타깝게도 취업 준비생들에게 별로 쓸모없는 조언들이 산재해 있다. 일단 초봉이 만족스럽지 않더라도 계약을 성사시키라는 전술인데, 이는 역효과를 낳을 수 있다. 제대로 된 정보를 근거로 협상에 나서야 한다.

신입 사원의 경우 첫 미팅 자리에서는 대개 연봉이 논의되지 않으니 자녀가 먼저 그 문제를 꺼내지는 말라고 조언하자. 하지만 해당 업계의 평균 연봉이 어느 정도인지는 정확히 알고 있어야 한다. 한국의 경우, 취업정보 사이트 사람인(saramin.co.kr), 인크루트(incruit.com), 잡코리아(jobkorea.co.kr) 등에서 직종별 평균 연봉을 확인할 수 있다. 혹시 그 회사에서 근무하는 지인이 있으면 자신에게 적정한 연봉 수준에 대해 조언을 구하도록 하자. 여러 조사 결과를 보면 사람들은 의외로 기꺼이 자기 연봉을 밝히며 임금 협상에 대해 조언하는 것으로 나타났다. 여성들에게는 더욱 이러한 사전 조사가 필요하다. 대졸 신입 사원 중에서도 여성은 동일 시간, 동일 노동을 함에도 남성 신입 사원보다 평균 7퍼센트나 적은 임금을 받고 있기 때문이다.

한편, 자신이 생각하는 연봉 액수를 먼저 꺼내지 말라는 조언이 소용이 없는 경우도 있다. 연봉을 얼마나 예상하는지 회사 측에서 단도직입적으로 물어올 경우를 대비해 자신이 원하는 범위를 제시할 수 있어야 한다. 회사가 공식적으로 제안하는 금액이 지나치게 낮을 경우, 더 많이 받아야 할 근거를 정중하고 구체적으로 제시하는 게 좋다고 자녀에게 알려 주자. 해당 업계의 통상적인 연봉 수준에 대해 수집한 정보를 인용하거나 자신이 해당 분야에서 쌓은 경험을 언급한다. 적정 수준인지 아닌지 잘 모르겠다면 하루 정도 생각할 시간을 달라고 요청하고 나서 관련 정보를 검색한다.

회사가 제안한 금액이 후한 편이라는 사실을 알고 있다면, 그 제안을 받아들여야 한다. 바로 수락하면 어리숙해 보일까 봐 무조건 협상하려 드는 것은 잘못이다. 매력적인 제안을 받고도 뱃심 좋게 협상하려는 태도는 고용주에게 부정적인 인상을 심어 줄 수 있다. 상대에게 호감을 얻어야 실제로 자신이 원하는 결과를 도출할 가능성도 더 커진다.

마지막으로 어떤 협상 자리에서든 회사에서 제공하는 복지 혜택에 대해 분명히 확인해야 한다. 이런 혜택을 금액으로 환산하면 대략 연봉의 30퍼센트에 해당한다. 휴가 일수, 교육훈련 지원금

등의 복지 혜택을 중시한다면 자신이 원하는 것을 얻을 수 있도록 분명히 협상해야 한다. 반드시 관철시키지는 못해도 적어도 요구는 해 볼 수 있다. 그리고 기업에서 운영하는 퇴직연금 상품의 중요성을 자녀에게 알려 주자.

사업에는 막중한 책임이 따른다

최근 기업가 정신을 격려하는 기관이나 단체가 속속 등장하고 있으며「샤크 탱크(창의적인 사업 아이디어를 지닌 초보 사업가와 투자자들을 연결해 주는 방송-옮긴이)」같은 리얼리티쇼가 인기를 얻으면서 기업가 열풍이 미국 전역을 휩쓸고 있다. 딜로이트 컨설팅 회사의 설문조사에 따르면 밀레니엄 세대의 약 70퍼센트가 언젠가 창업을 꿈꾸고 있다는데 그럴 만도 하다. 그러나 기업가 정신과 창업의 꿈을 찬양하는 사람들은 그 꿈을 이루기가 대단히 어렵다는 사실은 잘 언급하지 않는다. 새로 문을 연 업체 세 곳 중 한 곳이 영업한 지 2년이 안 되어 폐업하고, 창업 5년 이내에 50퍼센트가 폐업한다.

당신의 자녀가 창업을 꿈꾼다면 창업 성공률이 매우 낮다는 사실과 사업가가 된다는 것은 특별한 생활양식이 아니라 하나의 직업으로 생각해야 함을 인지시키자. 당신의 자녀가 성공할 수 없을 거라고 미리 겁먹을 필요는 없다. 다만 사업가로 성공하기 위해서는 사업계획을 세우고 그것을 세련된 파워포인트 문서로 작성하는 것 이상의 노력이 필요하다.

대학을 갓 졸업하고 창업을 생각하는 청년들은 부양가족도 없고 주택대출도 없을 테니 자기 사업을 궤도에 올려놓기까지 얼마 안 되는 수익도, 장시간 노동도 기꺼이 감수하겠다고 마음먹고 있을 것이다. 그런데 《하버드 비즈니스 리뷰》에 실린 논문에 따르면, 뉴욕시에서 기술 기업을 창업한 기업가들의 평균 이력은 아이비리그 대학을 중퇴한 천재가 아니라 학위를 취득하고 해당 업계에서 여러 해 동안 근무하다가 서른한 살 정도에 자기 회사를 차린 것으로 나타났다.

현재 맡은 일에 최선을 다하자

창업을 계획하는 자녀는 자신이 장차 세우려는 회사의 인터넷 주소를 일찌감치 등록해 두고 그날을 상상하겠지만, 당장은 사무실 복사기 사용법부터 배우는 게 좋다. 조직에서 쓰임새가 많은 인재가 되라고 자녀를 격려하자. 뉴욕에 있는 상위권 대학의 총장이 된 리사는 이렇게 과거를 회상한다.

"사회 초년생일 때 회사에서 이런 일이 있었어요. 여러 남자 직원들과 함께 회의하는데 회의록을 작성할 사람이 필요했죠. 다들 그런 일은 자기 격에 맞지 않는 일이라며 기피했지만 나는 선뜻 자원했어요. 사장이 그 회의록을 받아 보고서 아주 정리가 잘되어 있다면서 내게 보고서 작성을 부탁하더군요. 이후로 나는 무슨 일이든 거절하지 않고 열심히 했어요."

요지는 이렇다. 설령 당신의 자녀가 회사에서 누가 해도 상관없어 보이는, 하찮은 업무를 맡게 되었다 해도 그 일을 충실히 할 때 결국에는 커다란 차이를 이뤄 낼 수 있다.

5장

더 나은 인생을 위해 대학을 준비하라

알렉스는 졸업을 앞둔 고등학생으로 사교성이 좋고, 평균 B 학점을 받았다. 학비가 비싼 사립대학에 합격한 알렉스는 부모에게 한 가지 제안을 했다. 대학을 포기할 테니 그의 교육비로 지출하려고 했던 2억 원을 자기에게 달라고 했다. 그 돈으로 '퀵이킬트'라는 앱을 제작해 사업을 하겠다는 것이다. 스코틀랜드 전통의상 '킬트'를 대여해 주는 서비스로, 대여자가 앱에서 237종이나 되는 킬트 종족 무늬 가운데 하나를 선택하고 옷감 소재를 양모, 실크, 면직물 중에서 하나를 선택하면, 1시간 이내 전국 어디로든 배달해 준다.

그의 부모는 용모가 수려하고 멋쟁이에 부자이며 자식에게 헌신적이어서 아들의 제안을 수락했다. 18개월이 안 되어 알렉스의 신생 회사는 최고의 벤처 투자사로부터 자금을 조달받았고, 회사의 가치는 150

억 원으로 성장했다. 게다가 미국의 유명 텔레비전쇼에 소개되어 많은 이에게 영감을 불어넣었다.

여기까지는 전부 내가 지어낸 이야기다. 하지만 이와 유사하게 대학을 포기하고 기발한 기술을 선보이는 회사를 창업해 막대한 수익을 올린 특별한 청년을 주인공으로 하는 전설 같은 이야기를 다들 한 번쯤 들어보았을 것이다. 이런 이야기에는 대학에 다니는 게 엄청난 돈 낭비라는 생각이 깔려 있다.

그러면 이제 몇 가지 분명한 사실부터 확인해 보자. 오늘날 대학 졸업장은 그 어느 때보다 가치가 있다. 대학 졸업장에 대해 무슨 말을 듣거나 글을 읽었든 또는 마음속으로 무슨 생각을 하든, 재산을 불릴 줄 아는 자녀로 키우려면 대학을 나오도록 돕는 게 부모의 가장 중요한 역할이다. 그것은 엄연한 사실이다. 대졸자들이 평생에 걸쳐 버는 돈이 대학을 나오지 못한 사람들에 비해 평균 12억 원이 더 많다. 대학 교육에 들어가는 비용, 공부하느라 돈을 벌지 못하기 때문에 생기는 손실 소득, 그리고 물가상승률을 감안해도 학사학위는 평균 3억 원의 가치가 있다.

모든 아이가 그의 잠재성을 실현하기 위해서 반드시 4년제 대학 학위를 얻어야 한다는 말이 아니다. 정식 교육 프로그램을 통해서든 협회가 주는 학위를 취득해서든 숙련된 기술을 배운 사람들이 좋은 대우를 받고 일할 수 있는 직종들(면허를 취득한 실무 간호사부터 산업용 기계 기술자까지)도 있다. 내 아이가 이런 길을 추구하겠다고 하면 나는 막지 않을 생각이다. 그러나 대학은 많은 사회 초년생들에게 안정된 미래로 들어가는 지름길이며, 이것이 이번 장에서 내가 강조하려는 바다.

대학 졸업장은 아직도 필요하지만 게임의 규칙이 달라졌다. 대학 졸업장을 얻기까지 교육 소비자로서 아주 현명하게 행동해야 한다. 첫 등록금을 지불하기 훨씬 전부터 준비해야 한다. 당신은 자녀가 대출을 받아서 대학을 졸업하는 것에 강력히 반대하는 입장일 수도 있고, 정반대로 대학을 나오려면 학자금대출은 조금 고생스럽지만 어쩔 수 없는 선택이라며 체념하고 있을지 모른다. 이 두 가지 태도는 모두 수정할 필요가 있다.

몇 해 전에 대학을 갓 졸업한 젊은 부부와 대화를 나눈 적이 있다. 이들은 각자 1억 원의 학자금대출을 받았다. 현재 미국 대학생들의 대출 규모가 평균 4000만 원이니 상당히 많은 금액이다. 이 부부는 각자 재능 있는 예술가로서 동화책 그림작가가 되고 싶어 했다. 대학에서 받은 미술 교육이 훌륭했다고 생각하면서도 이들은 시작부터 너무나 많은 부채를 떠안고 살아갈 생각에 스트레스가 이만저만이 아니었다.

나는 두 사람의 부모들이 대체 어디서 무엇을 했는지 궁금할 따름이다. 예를 들어, 이들 부부가 머릿속으로 장밋빛 미래를 꿈꾸며 상상의 나래를 펼치고 있을 때 누군가 단 20분만이라도 대화를 나누며 1억 원의 대출금이 그들의 미래에 어떤 의미를 지니는지 냉정하게 설명해 주었다면 어땠을까 하는 생각이 든다. 그런 말을 해 주는 사람이 있었더라면 그들은 사전에 조사를 철저히 하며 자신들이 거주하는 주의 저렴한 국공립대학을 선택했을 수도 있고, 넉넉하게 학비를 보조해 주는 사립대학을 찾아냈을 수도 있었다. 또는 장학금이나 지원금을 타기 위해 더 열심히 노력했을지도 모른다. 나는 학부모들이 이번 장을 읽어 가면서 그들의 자녀가 저 두 사람과 같은 현실에 직면하지 않도록 예방하기를 바란다.

이 책은 대부분 부모가 아이들에게 전달할 교훈을 담고 있지만 이번 장은 특히 부모들이 배워야 할 내용을 소개하고자 한다. 전략적으로 학자금을 저축하고, 영리하게 학비를 보조받으며 자녀와 솔직하게 대화하는 방법에 대해 이야기하고자 한다.

 유아기

4yrs old

자녀가 대학 교육을 받을 수 있게 하려면 어려서부터 귓가에 모차르트 피아노 콘체르토를 쉴 새 없이 들려주는 것보다는 예금계좌를 하나 개설해 대학 등록금을 저축하는 쪽이 더 확실하다.

대학 등록금 마련은 아이의 탄생과 함께 시작한다

100원짜리와 10원짜리 동전도 제대로 구별하지 못하는 아이들에게 대학 등록금이라니 우스꽝스럽게 들릴지도 모른다. 하지만 대학 등록금용 예금계좌가 있는 아이들이 그런 계좌가 없는 아이들에 비해 실제로 대학에 진학할 가능성이 훨씬 높다는 사실이 중요하다. 이 상관관계는 부부 합산 소득이 6000만 원 이하인 가정에서 가장 뚜렷하게 나타나는데, 모든 계층의 아이들에게도 해당하는 사실이다.

캔자스대학교에서 진행한 연구에 따르면, 아이가 어릴 때부터 대학 등록금 예금계좌를 개설해 저축을 시작한 가정이 그렇지 않은 가정에 비해 자녀를 대학에 보낼 가능성이 최소 세 배나 높았다. 대학 등록금 예금계좌를 개설하는 것만으로도 아이들에게 대학 진학에 대한 열망을 심어 줄 가능성이 높다. 이를 입증하는 증거가 너무나 분명하다 보니 미국 샌프란시스코 주는 공립학교 유치원에 들어가는 모든 어린이에게 최소 6만 원이 든 대학 등록금 예금계좌를 개설해 주는 제도를 마련했다. 그리고 이 제도는 미국의 다른 주로도 널리 확산되는 추세다.

초등학생

8yrs old

부모가 나온 대학에 자녀를 입학시키려고 초등학생 때부터 공부에 부담을 주는 것은 무모한 짓이다. 하지만 자녀가 대학 교육에 흥미를 갖게 하는 일이라면 일반적으로 초등학생 때부터 해도 이르지 않다.

아이의 호기심을 이용해 대학에 열정을 품게 만들라

앤절라에게는 딸이 있었는데, 이 아이는 초등학교 3학년 때부터 집요할 정도로 새빨간 피에 호기심을 보였다. 딸아이는 식구들이 다쳐 피가 날 때면 붕대를 감아 주며 의사 놀이에 열중했다. 아이의 관심이 지나쳐서 때론 오싹한 생각이 들 만큼 유난스러웠지만, 앤절라는 아이에게 세상에서 좋은 의사가 할 수 있는 일이 얼마나 많은지를 설명했다. 의사가 되려면 의과대학 학위를 취득해야 한다는 말도 했다. 이제 딸이 의예과에 들어가 연쇄살인마가 아닌 응급의학 전문의가 되려 하는 것 같아 앤절라는 안도하고 있다.

어릴 때부터 아이들의 마음에 대학을 향한 꿈을 심어 줄 기회는 많다. 만약 아이가 동물을 좋아한다면 동물을 돌보는 수의사가 되기 위해서는 대학 학위가 필요하다는 사실, 더불어 수의학과가 있다는 사실을 알려 주자. 새집으로 이사를 간다면, 그 집을 설계한 건축가가 어째서 대학 또는 대학원을 졸업해야 하는지에 대해 이야기해 보자. 내가 무슨 말을 하려는지 감이 오는가? 학위를 따기 위해 어떤 과정을 거쳐야 하는지 세세하게 늘어놓을 필요는 없다. 초등학생 때는 세상의 수많은 멋진 일을 할 수 있는 가장 확실한 방법이 대학을 나오는 것임을 아는 것으로 충분하다.

 중학생

14yrs old

중학생이 되면 대학에 대해 이야기할 시기다. 하지만 입시 경쟁률이나 등록금에 대한 염려를 벌써부터 아이에게 드러내지 않도록 주의하자. 그런 걱정은 나중에 해도 충분하다.

아이와 함께 대학 캠퍼스를 방문해 보자

부모들은 자녀가 좋아하면서도 성공할 수 있는 일을 찾기를 바란다. 그리고 그 일이 실현 가능한 영역의 일이라면 아무래도 대학 졸업장이 플러스 요인임은 분명한 사실이다. 아이가 대학 캠퍼스를 직접 방문하고는 언젠가 자기도 이런 대학에 다니고 싶다는 열망을 품을 수도 있고, 이런 계기를 통해 자연스럽게 대학이 왜 중요한지에 대해 이야기의 물꼬를 틀 수도 있다. 아이가 대학 이야기에 재미를 느낄지도 모른다.

만약 당신이 대학 생활을 즐겁게 보냈다면, 세상을 바라보는 시야를 넓혀 준 대학의 장점에 대해 들려주자. 특별한 경험을 했다면 그 이야기(이를테면, 경영대학원 대신 미술대학을 선택했다든지 규모가 큰 국립대학 대신 규모가 작은 대학을 선택한 이야기)를 아이에게 들려주자. 만약 당신이 대학을 나오지 못했고, 이것이 후회된다면 아이에게 그 이유를 설명해 주자.

나는 대학 졸업장 없이도 자신의 분야에서 크게 성공한 사람들을 많이 만났는데, 그들은 철학이나 마케팅에 대해 더 많이 배우지 못하고 대학 생활을 경험하지 못한 것이 못내 아쉽다는 속내를 종종 털어놓았다. 이번 장을 시작하면서도 언급했지만, 대학을 졸업한 사람은 그렇지 않은 사람에 비해 평균 1억 원은 더 많이 번다. 대학 캠퍼스를 거닐며 이런 이야기들을 자녀에게 들려주자.

고등학생

17yrs old

대학 입학 과정은 부모와 자녀 모두에게 두려운 과정이다. 하지만 차분하게 단계적으로 접근하면 이 과정을 둘 다 무사히 통과할 수 있다.

대학 등록금에 관한 논의를 시작하라

이것도 빠르다고 느낄지 모르지만, 이런 대화를 일찍 시작해야 부모와 자녀 모두 경각심을 갖는 계기가 된다. 대학에 입학하고 등록금을 지불할 방법을 찾기까지 4년도 남지 않았으며, 이때부터 시작해야 계획을 수립할 수 있다. 단순히 대학 등록금 액수만 확인하면 되는 것이 아니다. 자녀가 아직 고등학교 1학년이고 앞으로 금액에 변동이 있더라도 학비 보조금을 확인하는 작업을 시작으로 대학 학자금 논의를 시작하면 좋다.

이 과정에서 부모는 대학 학자금을 얼마나 부담할 수 있는지 또는 얼마까지 기꺼이 부담할 생각인지, 또 대출을 받아도 괜찮은지 또는 자녀가 학자금대출을 받아야만 하는지를 고려하게 된다. 혹시 자녀가 학자금대출을 받는 것을 부담스러워한다면, 혼자만 대출받는 게 아니라 다른 학생들도 대부분 일부 금액이라도 학자금을 대출받는다고 알려 주자.

대학 등록금에 관해 이야기하다 보면 식구들의 생활비를 줄여야 하는지, 부모나 자녀가 더 많이 저축할 수 있는 방법은 무엇인지, 소득을 올릴 방도가 있는지 등 중요한 질문들을 제기하게 된다. 해법은 다양하다. 자녀가 아이비리그 대학에 입학하기만 하면 무슨 짓이든(여러 해 동안 빚을 져서라도) 하겠다는 부모들도 있다. 반면에, 본인은 물론이고 자녀에게도 절대 빚지는 일은 허락하지 않겠다는 부모들도 있다.

이런저런 조건을 고려하다 보면 식은땀이 날 테지만 대화를 나누는 중에 자녀를 향해 목소리를 높여서는 안 되며, 사실에 근거해 차분하게 설명하는 것이 중요하다. 자녀와 대학 등록금 이야기를 하다 보면 부수적으로 얻게 되는 효과가 있다. 고등학생 때 성적이 대학 진학에 매우 중요하다는 사실을 자녀가 자연히 깨닫게 된다는 것이다.

명문대가 고액 연봉을 보장하지는 않는다

명문 대학의 입시 경쟁률이 엄청나게 치열해지는 가운데 자녀가 이른바 명문대를 나오지 않으면 혹시 남보다 불리한 처지에 놓이는 건 아닌지 염려될 것이다. 경제학자 앨런 크루거Alan Kruger와 스테이시 데일Stacy Dale이 연구한 바에 따르면, 아이비리그 대학이나 유명 사립대학의 입시전형에 통과했지만 최종적으로 이름값이 덜한 대학을 선택한 학생들이 화려한 대학을 나온 학생들에 견줘 연봉에서 별반 차이가 없었다. 상위권 대학의 입시전형에는 떨어졌지만 SAT 점수는 그곳에 들어간 학생들과 별반 다르지 않은 학생들의 경우도 이와 마찬가지였다. 물론, 예외도 있다. 두 사람이 발견한 사실에 따르면 라틴계 학생들과 흑인 학생들, 저소득층 출신의 학생들, 그리고 대학을 나오지 않은 부모를 둔 학생들은 아이비리그 대학에 들어간 경우 그렇지 못한 학생들에 비해 더 높은 연봉을 받았다. 두 경제학자는 이들이 아이비리그 대학에 들어감으로써, 그러지 않았으면 얻지 못했을 인맥을 쌓았기 때문이라고 판단했다.

정부 재정 지원 제한 대학을 주의하자

한국의 교육부는 2010년부터 대학 내 교육 품질 저하, 경영 부실화 등을 예방하기 위해 매년 평가를 통해 재정 지원 탈락 대학을 정하고 있다. 수치화된 평가 기준을 바탕으로 특정 구간에 속한 대학에는 정부 재정 지원을 거부하고 있다. 정부 재정 지원 제한 대학으로 선정되면 학자금대출 등이 제한되며 심각한 경우 폐교의 위기에 처할 수도 있으니 주의할 필요가 있다. 정부 재정 지원 제한 대학의 목록은 교육부 블로그(blog.naver.com/moeblog)를 통해 확인할 수 있다. 자녀가 지원하려는 대학이 목록에 포함되어 있다면 함께 고민해 보길 추천한다.

편입할 생각이라면 확실한 계획을 세워라

미국의 경우 경제적으로 여유 있게 학위를 취득하려고 많은 학생이 거주지에서 가까운 2년제 대학 등 학비가 저렴한 대학에 한두 해 다니다가 더 유명한 국공립대학이나 사립대학에 편입하는 방안을 고려한다. 확실히 돈을 절약할 수 있는 방법이긴 하지만, 자녀가 편입에 대한 뚜렷한 목표 의식을 갖고 부단히 노력하지 않으면 안 된다.

한 연구 결과를 보면, 2년제 대학에서 편입한 학생 중 14퍼센트가 이전에 취득한 학점을 전부 또는 대부분 인정받지 못했다. 적어도 자녀가 편입을 고려하고 있는 4년제 대학에서 2년제 대학의 학점을 인정해 주는지 확실히 알아봐야 한다. 또한 일부 대학교에서는 고등학교 졸업생들보다 편입을 준비하는 학생들의 합격 비율이 실제로 낮다는 사실을 알아야 한다. 편입을 시도하기 위해 필요한 학점은 대부분 대학 웹사이트에서 확인할 수 있다. 자녀에게 필요 학점 이상을 유지하도록 힘쓰라고 주의를 주자.

 대학생

20yrs old

만약 자녀가 대학생이 되었다면 축하한다! 일단 기쁨을 만끽할 때다. 하지만 숨을 고른 뒤 이제 자녀가 학위를 딸 때까지 대학 비용을 부담할 여력이 되는지 확실히 점검하자.

대학은 4년 안에 꼭 졸업해야 한다

4년제 대학에 입학한 학생 가운데 정확히 4년 만에 졸업하는 학생이 절반에 못 미친다. 제때 졸업하지 못하면 매년 추가로 교육비가 들어갈 뿐 아니라 직장을 얻었을 경우에 벌어들였을 돈도 함께 잃는 셈이다. 최근 연구 결과에 따르면, 재학 기간이 1년씩 늘어날 때마다 평균 8200만 원에서 1억 원의 비용이 초래된다. 그러니 확실한 이유가 없다면 제때 졸업하라고 충고하자.

4년 안에 졸업하는 계획에 차질을 주는 여러 상황에 미리 대비시키자. 이를테면 수강 신청자가 많아 필수과목을 듣지 못하게 되는 상황, 중간에 전공을 바꾸는 바람에 학점이 모자라는 상황, 편입을 하면서 학점이 인정되지 않는 상황, 수강 신청을 너무 안이하게 해서 학점을 채우지 못하는 상황 등이 대학생들이 흔히 저지르는 실수다. 자녀에게 교과과정을 선택할 때 학교 상담사와 의논해서 전공 학위를 취득하는 데 필요한 것이 무엇인지 분명히 인지하라고 조언하자.

대학 예산을 작성하라

가족의 일원으로서 부모가 얼마나 부담할지 또 자녀가 자기 돈(저축한 돈이든 아르바이트로 번 돈이든)으로 얼마를 부담할지 구체적으로 항목을 결정해야 한다. 가정마다 다르지만 필기구나 영화표, 미용실 비용 등 대학생 자녀의 생활비에 사용하라며 부모들은 매달 용돈을 준다.

만약 대학생 자녀에게 용돈을 줄 생각이라면, 매달 한 번씩 선불로 주고 자녀에게 그것이 전부라는 사실을 명시할 것을 권한다. 만약 친구들과 저녁에 한바탕 즐기는 데 그 돈을 모두 탕진했으면 나머지 필요한 돈은 알아서 마련하는 것을 원칙으로 삼아야 한다. 한 달 치를 선불로 주고 이후 한 푼도 주지 않는 원칙을 지키면 규모 있게 예산을 운영하는 책임을 익히게 된다. 금액은 부모 자신의 재정과 대학 생활에 필요한 비용을 모두 고려해 산정해야 한다. 자녀의 생활비를 거뜬히 부담하고도 남을 돈이 있더라도 부족한 듯싶게 주어 예산 안에서 아끼며 생활하도록 만들어야 자녀가 귀중한 교훈을 배우게 된다.

교재비를 아끼라

학생들은 해마다 교재비와 학용품비에 많은 돈을 쓴다. 책값이 비싸서 최소 한 권 이상의 교재를 구매하지 않은 경험이 있다고 답한 학생들이 65퍼센트나 된다는 조사 결과도 있다. 그러나 굳이 새 책을 구입하지 않더라도 중고 교재를 구해서 사용할 수도 있다. 어려서부터 자녀의 책을 고를 때 함께 가격을 비교하는 과정을 거치면 합리적으로 물건을 구매하는 습관을 기를 수 있다. 미국의 경우 많은 대학 서점들이 중고 책이나 새 책을 선착순으로 대여한다. 또 아마존(Amazon.com), 반즈앤노블(Barnesandnoble.com), 하프(Half.com), 인디바운드(IndieBound.org), 체그(Chegg.com) 같은 사이트에서 중고책을 대여하거나 구입할 수도 있다. 일부 대학 교재는 보다 저렴한 가격의 전자책 형태로도 나온다. 새 책을 구매한 경우에는 나중에 서점에 되팔 수 있다. 한국의 경우, 책을 되팔 때는 예스24 중고서점(yes24.com)이나 알라딘 중고서점

(aladin.co.kr)의 사이트 또는 오프라인 매장을 이용하면 값을 좀 더 많이 받을 수 있다.

대학 학자금과 관련한 세금 혜택을 최대한 이용하라

세금을 신고할 때 자녀의 대학 학자금과 관련해 돈을 아낄 수 있는 기회가 있다면 이를 놓치지 말라. 만약 대학생 자녀가 있다면, 매년 연말정산 때 학자금 세액공제를 신청하면 해당 금액의 15퍼센트, 최대 900만 원까지 세금 혜택을 받는다. 세액공제는 적힌 금액 그대로 세금에서 돌려받을 수 있어 단순히 과세소득을 줄여 주는 세금 공제보다 특히 매력적이다.

사회 초년생

24yrs old

대학을 졸업한 직후 자녀는 직장을 얻어 경력을 쌓을 수도 있고, 진로를 변경하거나 학문을 심화하기 위해 대학원에 진학할 수도 있다. 이제부터 자녀는 자신이 지출한 돈을 꼼꼼히 확인하며 학자금을 상환해야 한다.

학자금대출을 받는다면 확실한 상환 계획을 세워야 한다

자녀의 학자금을 부모가 대신 내줘야 한다고 생각하지 말라. 그 대신 자녀가 여러 가지 상환 방법을 평가할 때 조언하라. 간단히 말해, 가장 많이 선택하는 한국장학재단의 학자금대출 서비스를 이용한 경우 취업 후 연간 소득 금액이 상환 기준 소득을 초과하거나 상속 및 증여재산이 발생하면 상환을 시작해야 한다. 따라서 자녀는 졸업 후 즉시 상환 계획을 수립해야 한다. 다행히 몇 가지 온라인 도구를 이용하면 대출금 상환 계획을 수립하기가 의외로 수월하다.

만약 졸업생 자녀가 민간 대출을 받았다면, 상환 규약을 제대로 이해하고 있는지 다음 사항들을 확실히 점검해야 한다. 먼저 대부업체에 연락해 유예기간이 있는지, 첫 번째 상환일이 언제인지 확인해야 한다. 또 상환해야 할 금액이 얼마이며 어떤 상환 방식을 선택할 수 있는지 확인해야 한다. 자녀의 처지가 어떻든 절대로 상환을 늦춰서는 안 된다. 그렇지 않으면 연체수수료 폭탄을 맞고 신용등급이 떨어질 수 있기 때문이다.

대학원 비용을 계산해 보자

만약 자녀가 대학원에 가고 싶다고 한다면, 그것도 좋은 선택일 수 있다. 석사학위 소지자는 일자리를 구하기가 더 쉽고, 학사학위 소지자보다 연봉이 더 높은 것으로 집계된다. 하지만 대다수의 학생은 막대한 부채를 떠안은 채 대학원을 졸업한다. 대학 학자금과 대학원 학자금을 포함하면 평균 부채는 7200만 원 선이다. 열 명 중 한 명은 부채가 무려 1억 8000만 원에 달한다. 굳이 수학 박사까지 동원하지 않아도 이 정도 부채가 얼마나 큰 부담인지 잘 알

것이다.

물론, 자녀가 취득하는 학위의 종류도 고려해야 한다. 컴퓨터 과학 분야의 박사학위 소지자는 동일한 분야의 학사학위 소지자에 비해 평균 연봉이 훨씬 높다. 하지만 분야에 따라 석박사 학위 소지자라도 자신이 원하는 직장을 얻는다는 보장은 없다. 한 조사 결과를 보면, 최상위 6개 대학원의 영문학 박사학위 소지자들 가운데 종신교수가 되기 위한 자리를 얻은 이는 겨우 절반에 그쳤다. 잘나가는 몇몇 로펌에서 대규모 정리해고를 단행한 것만 봐도 알 수 있듯이 안정적인 직장으로 손꼽혔던 법조계 전문직조차 최근에는 지각변동을 겪고 있다. 조지타운대학교 교육인력연구소의 홈페이지(cew.georgetown.edu/valueofcollegemajors)를 방문하면 분야별 학위 소지자들이 받는 평균 연봉을 조사한 자료를 확인할 수 있다.

부모 자신의 재정을 위태롭게 하면서까지 자녀의 대학원 진학을 도울 필요는 없다는 게 내 생각이다. 부모가 부담하지 못할 형편이면 자녀에게 그렇게 이야기하라. 그러면 자녀는 더 많은 빚을 지면서까지 학위를 취득하는 게 과연 가치가 있는지 더욱 신중하게 숙고하게 된다.

다양한 방법으로 자기계발 비용을 지원받자

직장에 다니는 자녀가 추가로 학위를 취득하고 싶어 하거나 직무 능력 향상을 위해 다른 강좌를 듣고 싶어 할 때는 외부로부터 재정적 도움을 받을 수 있는 정보를 제공하자.

직장에 문의하기 많은 기업이 직원들의 교육비를 재정적으로 지원한다. 수업료, 입학금, 교재비, 학용품비, 교육 기자재 비용 등을 지원하고, 이 돈은 과세소득으로 간주되지 않는다. 이때 지원 금액에 상한선이 있으니 정확하게 점검해야 한다. 예를 들어, 학기가 끝난 뒤에는 개인이 소유하는 교재들을 제외한 식사비, 교통비, 도구나 장비 구입비에는 세금 혜택이 없다. 또한 대개의 경우 스포츠나 게임, 취미와 관련한 수업들 역시 지원 대상이 아니다.

세금에서 공제받기 자녀가 다니는 회사에서 교육비를 지원하지 않는다 해도 세금 신고 시에 교육비를 공제하는 방법이 있다. 대학원 교육비나 직업능력개발훈련시설 수강료는 전액 공제받을 수 있다. 학점은행이나 학자금대출 원리금 상환액도 공제 가능하다. 그러나 근로자직업능력개발법에 따른 직업능력개발훈련시설로 등록되지 않은 사설 어학원이나 온라인 강좌는 공제 대상에 포함되지 않는다. 다만 교육비로 쓴 금액 중에 직장이나 학교에서 받은 장학금이 있는 경우에는 이를 뺀 금액을 교육비 공제금액으로 산정한다.

금전적 보상으로
아이의 성적이 오를까?

내 친구 아니와 카롤린은 중학교 3학년인 그들의 아들 캠의 담임선생님에게 똑똑하지만 게으른 아들이 어떻게 하면 수학 공부를 더 열심히 하도록 만들 수 있을지 의견을 물었다가 교사의 조언에 깜짝 놀랐다. 아이에게 A 학점을 받으면 플레이스테이션을 사 주겠다고 약속하라는 것이다. 교사는 그런 제안이 윤리적으로 부적절하다는 점을 시인하면서도 그 방법이 특히 중학생들에게 통하는 경우를 자주 보았다고 했다.

미국 학부모들 가운데 절반가량이 아이들에게 선물 공세로 성적을 올리려고 시도한다. 도덕적 문제는 차치하고라도, 아이들의 성적을 올리려고 선물을 주는 것은 또 다른 심각한 문제를 낳는다. 일단 연구 조사에 따르면 이 방법은 효과가 없다. 하버드대학교의 경제학자 롤랜드 프라이어Roland Fryer는 여러 도시의 국공립학교 학생들 4만여 명을 조사해 금전적 보상이 수학과 독서 점수를 올리는 데 효과가 거의 없다는 사실을 확인했다. 전반적으로는 학생들의 학점이 미세하게 상승했지만, 그 비율이 0.1퍼센트에 불과해 유의미한 변화는 아니었다. 금전적 보상을 하면 성적 향상 효과는 미미한 반면, 스스로 동기를 찾을 기회를 빼앗고 윤리적으로 잘못된 태도를 강화하는 악영향은 지대하다고 감히 말씀드린다.

금전적 보상이 아이들의 자존감과 성과에 미치는 영향이 장기적 관점에서 측정된 적은 없다. 하지만 선물 공세를 펼친다는 것은 아이에게 스스로 동기부여할 능력이 없다고 부모가 생각한다는 신호나 마찬가지다.

금전적 보상으로 성적을 올리는 전략에 반대하는 또 다른 이유는 아이가 공부를 하찮은 일로 간주할 수 있기 때문이다. 심리학자 레온 페스팅거Leon Festinger와 제임스 칼스미스James Carlsmith가 수십 년 전에 유명한 실험을 통해, 재미없는 일이라도 돈을 많이 받고 하는 일일수록 사람들이 그 일을 하찮게 여긴다는 결과를 보여 주었다. 두 심리학자의 실험에 따르면, 돈을 적게 받고 일하는 노동자들이 되레 자신들이 하는 일을 매우 가치 있는 일이라고 확신했다. 그 이유를 묻는 질문에 노동자들은 이렇게 답했다.

"그러지 않으면 내가 왜 이 일을 하겠어?"

돈을 많이 받는 사람들은 그 일이 재미가 없고 중요하지 않은 일이기 때문에 많은 보상을 받는 것이라고 전제했다. 한마디로, 과제를 주고 많은 돈을 주면 역효과가 날 수 있다.

물론 보상이 효과적일 때도 많다. 프라이어 교수는 결과가 아니라 그가 기울인 노력에 대해 보상을 제공하는 것이 더 효과적이라는 사실을 발견했다. 이를테면, 수학 시험에서 A를 받아 올 경우 최신 비디오게임을 상으로 주는 것보다 수학 숙제를 한 달간 빠짐없이 다 할 경우 상을 주는 것이 더 좋다는 이야기다. 근면함을 강화하려면 구체적이고 분명한 노력에 대해 보상해야 하고, 아이의 근면함은 자신이 통제할 수 있는 일을 완수하는 성취감에서 나온다는 사실을 고려하면 이와 같은 보상 전략이 합리적이다.

대학 학자금대출과 관련하여
고려해야 할 5가지 규칙

규칙 1 학자금대출을 미리 준비하자

한국의 경우, 한국장학재단의 자료에 따르면 전체 대학생의 약 15%에 해당하는 45만 명이 매년 학자금대출을 받으며 1인당 학자금대출 비용은 약 600만 원이다. 학문 분야마다 평균 등록금 및 대출금 액수는 다르지만, 자녀가 정부나 민간 대출기관에서 대출을 받을 가능성이 높다는 게 현실이다. 그러니 대출을 받을 때 일을 제대로 처리하는 게 중요하다.

규칙 2 대출 금액은 자녀와 함께 고민한다

대학생이 대출을 받을 경우 얼마나 신청하는 게 좋은지에 대해서는 몇몇 경험칙이 있다. 일례로, 학비보조 전문가인 마크 캔트로위츠Mark Kantrowitz는 대학을 졸업하고 1년 동안 벌 수 있는 예상 소득보다 더 많이 대출을 받지 말라고 권한다. 물론, 그 금액을 정확히 예측할 수는 없지만 한국에서는 사람인이나 잡코리아와 같은 취업 사이트에 접속해 해당 분야의 초봉이 평균 얼마나 되는지 확인할 수 있다. 부모가 자녀와 함께 어떤 결정을 내리든지 부모 자신의 처지를 고려하는 것이 핵심이다. 결국 경험칙이 어떠하든 더 많은 돈을 대출해서라도 대학을 나올 가치가 있다고 느낀다면, 대출금은 어떻게 상환할지 또 대출금이 졸업 이후의 삶에 어떤 영향을 미칠지 대화를 나눌 필요가 있다.

규칙 3 정부에서 제공하는 학자금대출을 받는다

정부에서 운영하는 한국장학재단을 통해 학자금대출을 받을 자격이 된다면 여러모로 장점이 많다. 취업 후 일정 기준 이상의 소득 발생 이전까지는 대출금을 상환하지 않아도 되고, 비교적 이자가 낮은 편이며 상환할 때도 다양한 상환 옵션을 선택할 수 있다.

규칙 4 가능한 한 민간 대출은 피한다

정부에서 제공하는 학자금대출을 받을 자격이 되지 않는 경우, 기타 대출기관이 제공하는 민간 대출 서비스를 고민하기도 한다. 민간 대출은 일반적으로 신용도가 확실한 대출자를 제외하고는 금리가 훨씬 높고, 상환 규정도 엄격하다. 게다가 고정금리가 아니어서 금리에 변동이 있을 수 있는 만큼 향후 금리가 더 올라갈 수도 있다. 민간 대출은 대학을 다니는 중에도 상환을 요구하는 곳도 있으니 수수료는 물론, 약관을 제대로 파악하는 것이 매우 중요하다.

규칙 5 자녀에게 제때 졸업해야 하는 이유를 설명한다

학자금대출을 받은 학생 중 최악의 경우가 중도에 학교를 그만둔 학생이다. 그들은 대출을 갚지 못할 확률이 대학을 제대로 마친 학생들보다 네 배는 더 높다. 당연한 말이지만 신용등급에도 악영향을 초래한다. 따라서 대출을 받으면 학업에 충실해야 한다는 사실을 자녀에게 주지시킬 필요가 있다. 학위가 없으면 대출금을 상환할 만큼 충분한 소득을 벌지 못할 가능성이 높기 때문이다.

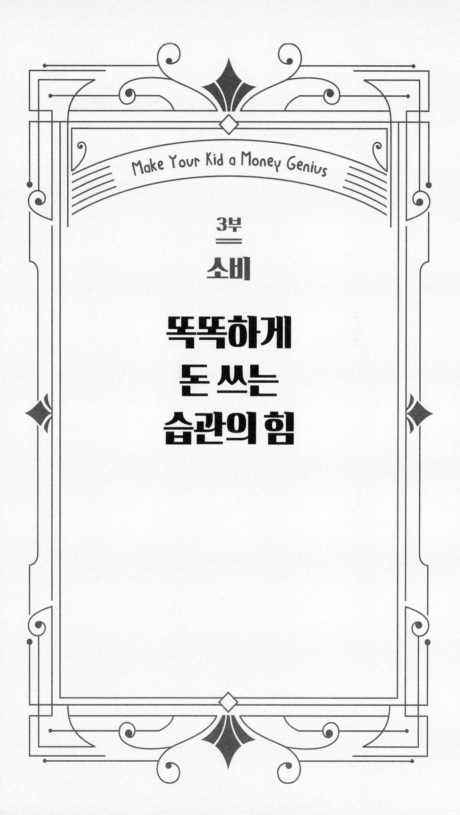

Make Your Kid a Money Genius

3부
소비

똑똑하게
돈 쓰는
습관의 힘

6장

신용 관리가
소비의
시작점이다

대학을 졸업하고 몇 년 지나지 않았을 때만 해도 시엔나는 자신이 성공적으로 삶을 꾸리고 있다고 생각했다. 아이비리그 대학을 나온 시엔나는 소규모 신문사에서 몇 년 일하고 나서 미국에서 손에 꼽히는 문예창작 대학원에 합격했다. 그녀에게는 갚아야 할 대학 학자금대출이 있었고 대학원을 다니려면 추가로 대출을 받아야 했지만 별로 걱정하지 않았다. 방학 때 여행을 떠나거나 교재를 구입하고, 자동차에 기름을 채우는 등 현금이 필요할 때면 신용카드 두어 개를 돌려가며 썼다. 시엔나는 20대 초반을 돌아보며 이렇게 말했다.

"그때는 다 만회할 수 있을 거라고 생각했어요."

대학원을 졸업하고 나니 신용카드 빚은 1000만 원이 넘었고, 학자금대출도 3000만 원으로 불어나 있었다. 비로소 현실이 보였다. 시엔나

밤마다 잠자리에서 뒤척이면서 신용카드 빚과 학자금대출금을 걱정하기 시작했고, 스트레스는 날로 심해졌다. 비록 운 좋게 문학 관련 웹사이트를 운영하는 회사에 일자리를 얻었지만 임금은 보잘것없었다. 그 직장에서 일하려면 자동차를 팔아야 했고 룸메이트를 구해 월세 부담을 줄여야 했으며, 저녁과 주말에도 식당에서 일해야만 했다. 그렇게 하고도 최소 상환액만 겨우 갚을 정도였다.

"서른이 지나서야 상황을 호전시킬 수 있었어요."

시엔나는 이렇게 말했다.

"신용카드로 구입한 모든 신발과 옷, 근사한 레스토랑에서 했던 저녁 식사와 영화비를 곱씹으며 몇 년을 후회했어요. 과거의 내 결정들 때문에 손발이 묶여 있는 기분이었어요."

이 이야기가 익숙하게 느껴지는가? 당신만 그런 것이 아니다. 어쩌면 당신, 또는 당신의 자녀가 시엔나였을 수도 있고 또 주변의 누군가가 그녀를 닮아가고 있을지도 모를 일이다.

한 설문조사에서 부모들에게 재정적으로 가장 후회하는 일이 무엇인지를 묻자, 빚을 줄였으면 좋았을 것이라는 답변이 가장 많이 나왔다. 가장 놀라운 사실이자 우울한 소식은 그들의 자녀가 똑같은 실수를 범하지 않도록 하려면 어떻게 해야 하는지 전혀 알지 못한다는 부분이다.

현대인들은 이런저런 부채와 함께 살고 있다고 해도 과언이 아니다. 우리 아이들은 어른들이 카드를 긁으며 마치 마법처럼 원하는 물건을 손에 넣는 모습을 보고 배운다. 중학생 아이들은 몇몇 친구들이 부모에게 받은 직불카드로 계산하는 것을 보면서 자기들도 부모에게 직불카드를 달라고 보챈다. 대학생들이 신용카드를 만들기는 어렵지만, 그 대신 여전히 많은 학자금 빚에서 허덕이고 있다.

2007~2010년의 경기침체 기간에 단점만 있었던 것은 아니다. 많은 젊은이가 부채의 무서움을 알게 된 것은 장점이었다. 하지만 돈을 빌리는 것이 합리적인 선택일 때도 있다. 대출을 아예 거들떠보지 않는 행동 역시 문제다. 예를 들어, 등록금을 마련하기 위해 적정한 수준에서 정부의 학자금대출을 받는 것은 현명한 선택이다. 대학에 가지 않은 사람들보다 대졸자가 평균적으로 훨씬 더 많이 벌기 때문이다. 그리고 집을 사기 위해 대출을 받는 것도, 합리적으로 대출을 받았다면 장기적으로는 유용한 투자 수단에 속한다. 그러나 학자금과 주택대출 외에 다른 경제생활에서는 돈을 빌리지 않는 편이 단연코 더 좋다.

부모는 자녀가 빚을 현명하게 쓰고 관리하도록 도와야 한다. 터무니없이 높은 고금리와 대부업체들의 집요한 전화가 얼마나 끔찍한지 경고하는 정도로는 부족하다. 부채의 무서움을 아는 자녀로 키우기 위해 부모가 해야 할 일은 이보다 훨씬 까다롭다. 오늘날은 소비를 향유하는 시대지만 자신이 가진 것 이상으로 소비하는 삶은 절대 괜찮지 않음을 자녀에게 가르쳐야 한다. 이번 장에서는 자녀에게 신용을 건전하게 다루는 방법을 어떻게 가르쳐야 하는지 살펴보자.

유아기

유아기는 기초적인 부채 개념을 가르치기에 가장 좋은 시기다. 물건을 구입하려면 돈을 지불해야 한다. 신용카드는 물건값을 지불하는 방법 가운데 하나이며, 아무리 간절히 원해도 모든 것을 가질 수는 없다. 유아기 자녀에게 전달해야 할 몇 가지 교훈을 살펴보자.

물건을 사려면 돈이 필요하다

어린아이의 눈에 물건을 취득하는 과정은 신기하면서도 굉장히 간단하다. 제시카는 네 살배기 아들을 데리고 마트에 갔다가 깜짝 놀랐다. 쇼핑을 마치고 계산대에서 점원에게 지폐를 건넸더니 그 아들이 이렇게 말했다고 한다.

"돈 내지 마요, 엄마. 대신 신용카드를 써요."

그녀는 아들이 그동안 돈을 지불하는 방식까지 관찰하는 줄도 몰랐고, 하물며 신용카드를 당장의 결제를 회피하는 수단으로 생각하는 줄은 상상도 못 했다. 이제는 이렇게 해 보자. 다음에 슈퍼에 가거든 아이에게 1000원짜리 물건을 고르라고 하자. 그러고는 물건값을 지불할 때 500원짜리 동전 두 개, 1000원짜리 지폐 한 장, 그리고 신용카드를 꺼내고 셋 중에서 아무거나 사용해도 좋다고 설명한다. 아이가 지불 수단을 선택하면 부모는 그것으로 계산하는 모습을 보여 주는 것이다.

원하는 것을 항상 가질 수는 없다

아만다의 부모는 근면했지만 경제적으로는 늘 쪼들렸다. 그래서인지 아만다는 나중에 딸 엘라가 생겼을 때 딸이 원하는 것은 뭐든지 사 줄 수 있는 여유가 있어서 기뻤다. 값비싼 인형부터 명품 원피스, 유명 브랜드의 신발 등등 지금 당장은 필요가 없는 물건들까지 사 주곤 했다. 엘라가 네 살밖에 되지 않았으니 절제하는 법을 배울 시간은 아직 많다고 생각했다.

그러나 모든 일에 한계가 있다는 사실을 일찌감치 깨우쳐 주지 않고, 엄마가 마치 ATM 기계처럼 행동하는 바람에 오히려 딸에게 악영향을 끼치고 있다는 게 문제였다. 듀크대학교의 심리학자 테리 모핏Terrie Moffitt이 이끄는 연구진은 1000명의 아이들을 출생 시부터 32세까지 추적 조사한 결과 어릴 때 자제력에 문제가 있었던 아이들이 성인이 되어서 신용카드 같은 금전 문제를 겪을 가능성이 더 크다고 발표했는데, 납득할 만한 이야기다.

자녀의 자제력을 일찌감치 키우고 싶은 부모는 볼일을 보거나 장을 볼 때 자녀가 떼를 써도 정해진 물건 외의 것을 추가로 사 주지 않는 것을 생활화해야 한다. 이렇게 하면 상점에서 기분 내키는 대로 물건을 사면 안 된다는 메시지를 강력하게 전달할 수 있다. 확실하게 선례를 남겨 소비에 한계가 있음을 가르치면 떼쓰기 전략이 소용없음을 아이가 깨달을 뿐 아니라 나중에 아이가 커서 신용카드를 관리하는 데도 도움이 된다.

초등학생

유치원 때부터 시작해서 자녀의 소비는 본격적으로 늘어나기 시작한다. "저거 갖고 싶어요"에서 "저거 필요해요"로 이어지고, 이 말은 "저거 갖고 있지 않은 아이는 나뿐이에요"로 바뀐다. 초등학생 자녀가 브랜드명과 로고에 대해 언급하며, 어떤 물건이 멋지고 어떤 물건이 촌스러운지 떠들어 대는 소리를 듣고 있노라면 짜증이 확 솟구칠지도 모른다. 이때가 소비에는 한계가 있다는 사실을 아이에게 다정하면서도 단호하게 가르칠 수 있는 적기다. 진짜로 멋지다는 게 어떤 건지 초등학생 자녀와 함께 이야기할 때가 왔다.

신용카드로는 물건을 더 비싸게 사게 되는 경우도 있다

초등학교 2학년쯤 되면 여기서 설명하는 개념을 대부분 이해할 수 있다.

"우리가 신용카드를 사용하면 그것은 대부업체에서 돈을 빌리는 거란다. 이 대부업체가 우리 대신 가게에 돈을 지불하고, 우리에게는 청구서를 보내지. 만약 그 돈을 제때 갚지 못하면 추가로 돈을 더 내야 하는데, 그게 이자라는 거야."

여기서 구체적인 예를 들면 더욱 좋다.

"네가 1000원짜리 초콜릿 과자를 신용카드로 샀다고 하자. 만약 그 돈을 제때 갚지 못하면 넌 이자를 지불하게 될 테고 그러면 초콜릿 과자를 사는 데 1200원 이상을 사용하게 되는 거야."

신용카드는 편의를 위해 사용하는 수단이다. 현금을 불편하게 많이 들고 다니지 않아도 물건을 살 수 있기 때문이다. 신용카드를 이용하고 청구서를 받는 즉시 전액 상환한다면, 추가 요금을 지불할 일은 없다. 그러나 자기 형편에 넘치는 물건을 구입하는 데 신용카드를 이용하면 돈을 낭비하는 결과를 초래한다.

온라인상에서 절대 신상 정보를 노출하지 않는다

부모는 자녀가 어릴 때부터 틈틈이 이 사실을 강조할 필요가 있다. 부모 이름이나 자기 이름, 가족의 주소, 자기 생년월일, 학교, 전화번호, 이메일 주소, 자기 사진 또는 가족사진, 온라인에서 쓰는 암호라든가 주민등록번호, 부모의 신용카드 번호는 당연히 누군가 물어보더라도 온라인상에 노출해서는 안 된다. 부모에게 먼저 물어보지도 않고 자녀가 이런 정보를 이메일이나 온라인커뮤니티 등에 쓰게 해서도 안 된다. 이런 세부 정보는 자녀의 신원이나 부모의 금융 정보를 훔치려고 호시탐탐 노리는 사이버 범죄자들에게는 노다지나 마찬가지다.

초등학생 자녀가 이용하는 웹사이트를 부모가 제한하면 부모가 세운 개인정보보호 규칙을 지키기가 훨씬 쉽다. 이 문제에서 법은 부모의 편이다. 13세 미만의 이용자들을 보유한 웹사이트는 아동의 신상정보를 보호하기 위한 특별한 장치를 갖춰야 한다. 페이스북과 인스타그램 같은 주요 소셜미디어 사이트를 비롯해 여러 웹사이트에서 13세 미만의 아동에게 계정을 제공하지 않는 이유이기도 하다.

자녀가 가입하고 싶어 하는 웹사이트가 있으면, 그곳의 개인정보보호 정책을 살펴보자. 사이트마다 차이는 있지만 자녀가 데이터 수집 범위를 확인하고 깜짝 놀랄지도 모른다. 그리고 개인정보보호 정책상 13세 미만의 아동에게는 계정을 허용하지 않는 웹사이트라면 자녀에게는 이렇게 말하자.

"웹사이트의 규정을 확인하고, 규정에서 명시한 대로 따르자꾸나."

아이에게 신용카드 번호를 알려 주지 말라

나탈리는 여섯 살짜리 아들 이야기를 내게 들려준 적이 있다. 나탈리는 일을 하고 있었고 그녀의 아들은 근처에서 컴퓨터게임을 하던 중이었다.

"아이가 몇 가지 질문을 던지기 시작했어요. 이를테면, 우리 주소가 리버파크 220번지인지 아닌지, 뭐 그런 것들이요."

5분가량 이어진 질문에 나탈리는 대수롭지 않게 대답했다. 그러다 아들이 신용카드 번호를 물었을 때 그녀는 정신이 번쩍 들었다. 아들은 온라인상으로 액션피규어를 주문하려고 한 것이었다.

"그때 처음으로 아들이랑 컴퓨터로 해도 되는 일과 해서는 안될 일에 대해 대화했어요."

초등학생들은 대개 온라인으로 물건을 검색하는 것을 좋아하며, 쇼핑을 즐기는 경우도 있다. 초등학생 자녀가 컴퓨터게임이나 영화, 애플리케이션, 음원 등을 구매하려면 어쨌든 부모의 신용카드나 직불카드 정보가 필요하다. 가족이 사용하는 여러 사이트에 신용카드 정보를 입력하고 저장해 두면 부모가 매번 입력할 필요가 없으니 편하기는 하지만, 그렇게 해서는 안 된다.

물건을 구매하면서 부모가 직접 앱이나 웹사이트에 카드 정보를 입력하는 경우에도, 일정 시간 동안 별도의 인증 과정 없이 추가 구매가 가능한 곳도 있기에 주의를 기울여야 한다. 또한 아이에게 신용카드 정보를 알려 주고 직접 입력하도록 허용하지 말아야 한다. 신용카드 정보를 알고 있으면 너무나 가지고 싶은 물건이 생겼을 때 유혹을 이기지 못하고 그 정보를 이용하기 쉽다.

자녀에게 신용카드 번호를 알려 주지 않는 이유를 설명할 때는 자녀를 믿지 못하기 때문이 아니라 원칙적으로 가입자 본인만이 신용카드를 쓸 수 있고, 여기에는 예외가 없다고 설명하자. 아이가 어른이 되어 본인의 신용카드가 생겼을 때도 이는 좋은 선례가 된다.

조금 다른 이야기인데, 만약 부모가 온라인에서 아이가 원하는 물건을 대신 카드로 결제해 준다면 아이에게 돈을 갚으라고 말하자. 부모로서 너무 쩨쩨하거나 유별난 게 아닐까 걱정할 필요는 없다. 오프라인 상점에서 아이가 원하는 물건을 대신 사 주는 것과 다를 바 없다. 아이가 변제하는 조건으로 온라인 결제를 대신해 줘야 한다.

중학생

중학생이 되면 신용카드 개념에 흥미를 느끼고, 신용카드가 작동하는 방식을 구체적으로 이해할 수 있다. 이 호기심과 소비 욕구를 활용해 부채에 관해 중요한 기본 개념을 가르치도록 하자. 중학생 자녀에게는 다음과 같은 원칙이 필요하다.

현금을 사용하라

린에게는 열세 살짜리 딸 마야가 있었다. 하루는 마야가 친구들과 함께 쇼핑을 가도 되냐고 물어보면서, 몇몇 친구는 부모님 신용카드를 들고 오기 때문에 현금을 들고 쇼핑몰을 돌아다닐 필요가 없다고 말했다. 린이 알기로 그 학부모들은 아이들을 '오냐 오냐' 키우는 사람들이 아니었다. 실제로 이들 부모는 신용카드를 주면서 자기 아이에게 얼마 이상은 쓰면 안 된다고 확실히 못을 박았다고 한다. 하지만 린은 마야에게 신용카드 대신 현금을 건넸다. 이유는 이렇다.

"현금을 쓰면 물건값이 50달러에서 1달러만 초과해도 그 물건을 도로 갖다 놓아야 하는 결정을 내릴 수밖에 없어요. 하지만 신용카드를 쓴다면 이야기가 다르지요."

린의 판단은 옳았다. 매사추세츠 공과대학교에서 수행한 연구 결과에 따르면, 실제로 사람들은 동일 품목을 기준으로 현금이 아닌 신용카드로 결제할 때 평균 구매 금액이 두 배나 높았다. 비단

3부
똑똑하게 돈 쓰는 습관의 힘

신용카드만이 아니고 결제할 때 쓰는 모든 플라스틱 카드는 더 많은 돈을 소비하도록 부추긴다. 여러 연구 결과를 보면 사람들은 물건을 사면서 간단하게 플라스틱 카드를 그을 때보다 현금을 건넬 때 훨씬 고통스러워한다. 미국에서 진행된 한 연구를 보면, 점심값을 현금으로 낸 아이들보다 직불카드로 낸 아이들의 결제금액이 더 많았다(흥미로운 사실은 직불카드로 결제한 학생들은 과일이나 채소보다 감자튀김과 과자를 더 선호하는 등 메뉴 선정에도 부주의한 편이었다).

사용할 수 있는 금액에 한계가 있다는 이유로 많은 사람이 10대 아이들에게 현금의 대안으로 선불카드를 권하고 있지만, 나는 현금 사용을 선호한다. 수중에서 돈이 빠져나가는 '아픔'을 온전히 느낄 수 있기 때문이다.

이와 관련해서는 197쪽의 글 '내 아이에게 맞는 카드는 무엇일까?'를 참조하기 바란다.

'순자산' 개념을 가르친다

보통 중학교 1학년이 되면 아이들은 음수의 개념을 배운다. 부채를 일종의 '마이너스 값'으로 설명하기에 좋은 기회다. 예를 들면 다음과 같이 이야기해 줄 수 있다.

"네가 어떤 사람에게 1만 원을 빚졌다고 치자. 네 주머니에는 6000원이 있지만 사실은 돈이 한 푼도 없는 거나 마찬가지야. 돈을 빌린 사람에게 그 6000원을 줘야 하기 때문이지. 계산해 보면 넌 마이너스 4000원을 지니고 있는 거야. 그게 '순자산'이란다. 가지고 있는 돈에서 다른 사람에게 빚진 돈을 뺀 값이야. 어른들 중에서도 이 개념을 잘 모르는 사람이 정말 많단다."

신용카드 이자의 위험성을 인지하도록 한다

신용카드를 쓰고 이자를 내는 것이 순전히 낭비라는 사실을 가르치기에 딱 좋은 나이가 중학생이다. 만약 신용카드로 돈을 지불하고, 제때 갚지 못하면 빌린 원금에 이자를 물게 된다. 다음 달에도 전액 상환하지 못하면, 원금에 이자를 지불할 뿐 아니라 이자에 대한 이자까지 물게 된다. 이것을 복리라고 하는데, 이자가 이렇게 복리로 부가되면 부채는 아주 빠르게 불어난다. 다시 말해, 매달 신용카드 청구서에 명시된 금액을 제대로 갚지 않으면 매우 높은 이자를 물게 된다. 몇백만 원까지는 아니어도 몇십만 원까지는 불어날 수 있다.

여기서는 구체적으로 숫자를 제시하면 좋다. 신용카드를 쓰면서 매달 최소 결제금액만 지불하고 나머지 금액에 대해서는 다음 달로 이월시키는 리볼빙 서비스를 이용할 경우 해당 물건값이 얼마까지 더 비싸질 수 있는지 보여 주자. 이때 신용카드 회사마다 최소결제금액을 산정하는 방식은 다를 수 있으니 부모가 이용하는 신용카드 회사에 문의하도록 하자. 가령, 아이가 태블릿 PC를 사 달라고 할 때 다음과 같이 설명하면 아이도 신용카드 이자의 개념을 이해할 수 있다.

"우리가 이 물건을 현금으로 사면 60만 원만 지불하면 돼. 그런

데 만약 금리가 19퍼센트인 신용카드로 사서 매달 최소 결제금액만 갚아 나가면, 남은 돈을 다 갚는 데 거의 4년이 걸릴 테고 결국 태블릿 PC를 87만 원이나 주고 사는 셈인 거야."

매장 전용 신용카드는 발급하지 않는다

백화점이나 아울렛에서 쇼핑하다 보면, 매장 전용 신용카드를 발급받고 10퍼센트 또는 20퍼센트까지 할인받으라는 카드사 직원의 유혹을 받곤 한다. 다음에 자녀와 함께 쇼핑할 때 이런 매장 전용 신용카드의 발급을 권유받는다면 그 기회에 자녀에게 경제 교육을 하자.

먼저 아이가 듣는 앞에서 그 직원에게 매장 카드 이자율이 얼마인지 물어보자. 그리고 가입하지 않겠다고 거절하고, 상점에서 나와 아이에게 그 이유를 설명하자. 일반적으로 매장 전용 신용카드의 이자율은 터무니없이 높다. 보통 20퍼센트 이상이다. 매달 날아오는 청구서에 적힌 금액을 전부 갚지 못하면 처음 적용된 할인금액보다 훨씬 많은 비용을 지불해야 한다. 부모가 평소 사용하는 신용카드 이자율과 비교했을 때 매장 전용 신용카드의 이자율이 얼마나 높은지 자녀에게 알려 주자(만약 기존 신용카드의 이자율이 더 높다면, 그 신용카드는 버리고 다른 신용카드를 개설하라).

물론 한 가지 예외가 있다. 매달 날아오는 청구서에 적힌 금액을 전부 갚는다면 괜찮다. 이 모든 점을 고려해도 특정 매장을 자주 이용하고 해당 매장의 전용 신용카드를 개설해 할인이나 쿠폰

등 여러 가지 보상을 받는 편이 오히려 돈을 절약할 수 있는 방법이라면 그렇게 하도록 한다.

나쁜 소비 습관은 신용 점수를 떨어뜨린다

중학생들은 또래 친구들에게 자신이 어떻게 비치는지 지나칠 정도로 신경을 많이 쓴다. 중학생 자녀에게 어른들도 금융기관(은행)을 비롯해 다른 사람들의 시선을 염려한다고 공감하듯 이야기를 풀어 보자. 신용카드 청구서에 적힌 금액을 제때 갚는 사람들은 좋은 평판을 얻게 되고, 금융기관에서는 이런 사람을 좋아하기 때문에 대출할 때 좋은 조건으로 거래할 수 있다. 단순히 좋고 나쁜 걸 떠나 개인의 신용을 점수로 매겨 평가한다. 이 신용 점수는 개인이 돈을 빌려 쓰고 갚을 수 있는 능력을 나타낸다.

한국의 경우, NICE지키미 신용 점수조회(credit.co.kr)에 들어가서 아이에게 당신의 신용 점수를 보여 줄 수 있다. 자동차나 주택처럼 값비싼 품목을 구입할 때는 신용 점수에 따라 주택대출 금리나 자동차 대출 금리가 어떻게 결정되는지 확인시켜 줄 수 있는 절호의 학습 기회로 활용한다.

값비싼 품목을 구매할 때 자녀와 함께한다

수중에 돈이 없는데 남의 돈으로 물건을 사면 안 된다고 가르치는 것만으로는 부족하다. 부채 교육을 하려면 원하는 것을 얻기 위해 계획을 수립하는 방법까지 가르쳐야 한다. 재정적 목표를 세우고 그 목표를 어떻게 완수해야 하는지 보여 줘야 한다는 뜻이다. 중학생쯤 되면 주택이나 자동차를 구입하는 방법에 대해 궁금증을 가지게 된다. 손위 형제가 있다면 그렇지 않은 아이들보다 대학에 대해서 더 관심이 많고 그 비용이 얼마인지도 궁금해한다. 그러나 대개는 비싼 청바지나 헤드폰을 사고 싶어 하고, 자기도 신용카드가 있으면 좋겠다고 꿈꾸는 중학생이 더 많다. 자동차를 살 일이 있으면 중학생 자녀와 함께 매장에 가자. 그리고 남에게 돈을 빌리는 행위에는 막중한 책임이 따르고, 반드시 필요한 경우에만 돈을 빌려야 한다고 설명하자.

고등학생

17yrs old

아이들이 고등학교에 들어가면 점차 대학 입학에 관해 고민하게 되고 신용카드에 대해서도 자세히 알고 싶어 할 때가 온다. 그렇다면 부모는 이에 대해 알려 주면서, 학자금대출을 받을 경우 나중에 사회생활을 할 때 어떤 영향을 받게 되는지 현실적인 논의를 시작해야 한다. 고등학생 자녀가 대출에 대해 확고한 입장을 지닐 수 있도록 미리 알아 둬야 될 사항들을 살펴보자.

고등학생까지는 현금을 사용하자

한국에서는 일반적으로 만 19세가 되기 전에는 신용카드를 개설하지 못하며 취업하기 전까지는 이런저런 제약이 많다. 하지만 고등학생 아이들은 부모의 신용카드를 쓰게 해 달라고 조르거나 부모의 계좌에 연결된 '가족카드'를 만들어 달라고 부탁하곤 한다. 이런 요청은 절대 들어주면 안 된다. 부모의 예금계좌와 연계된 직불카드를 자녀에게 주어서도 안 된다. 물론, 자녀에게 현금을 주기 위해 인출기를 찾아가야 하는 일이 성가시기는 하다. 그리고 또래 친구들이 모두 직불카드라든가 부모의 신용카드를 이용하는 상황에서 당신의 아이만 현금을 갖고 다니는 경우라면 아이도 번거로움을 호소할 수 있다.

그러나 고등학교를 졸업할 때까지는 가능한 한 현금 사용 원칙을 유지하는 게 좋다. 앞서 언급한 적 있듯이 플라스틱 카드와 달리 현금을 쓰면 돈이 떨어지는 경험을 할 수 있다. 현금을 쓸 때보다 플라스틱 카드를 쓸 때 같은 품목이라도 두 배 이상 결제금액이 많다는 연구 결과도 감안해야 한다. 자신의 소비활동을 인지하게 만드는 데 직불카드나 선불카드보다는 현금이 더 유용하다는 뜻이다.

당장 지불 가능한 물건만 구입한다

아이가 한 살이라도 더 어릴 때 이 교훈을 가르쳤으면 좋았겠지만, 그러지 못했다고 자책할 필요는 없다. 아예 가르치지 않는 것보다는 뒤늦게라도 가르치는 쪽이 낫다. 아이에게 다음과 같이 설명해 주자.

"지금 물건값을 지불할 형편이 안 되어서 신용카드로 구입한다면, 나중에 청구서가 도착했을 때라도 그 돈을 낼 수 있을까? 아마 안 될 거야. 그러면 높은 이자를 물게 돼. 몇백만 원까지는 아니더라도 몇십만 원까지 이자가 늘어날 수 있어."

이에 덧붙여 인상적인 사례를 안다면 들려주자. 거의 매일 밤 신용카드로 피자를 주문한 대학 친구의 이야기는 어떤가? 피자는 순식간에 사라졌지만, 매달 날아오는 청구서는 그 친구가 지불할 수 있는 금액을 넘어섰기 때문에 졸업하는 날까지도 부채를 갚지 못했다는 이야기 말이다. 고등학생 자녀에게는 특히 이런 이야기가 도움 된다. 빚이 많다고 하면 아이들은 흔히 고가의 물건 때문이라고만 생각해서 자잘한 지출로 인해 빚이 불어날 가능성은 고려하지 않기 때문이다.

1년에 한 번은 신용 기록을 확인하라

미국 연방거래위원회는 16세 이상의 자녀를 둔 가정마다 자녀의 신용 기록을 주기적으로 점검하도록 권면한다. 애뉴얼크레딧리포트(AnnualCreditReport.com)에 접속하면 3대 신용평가 회사의 신용 기록을 각각 무료로 확인해 볼 수 있으며, 한국에서는 올크레딧(allcredit.co.kr)과 NICE지키미(credit.co.kr)에서 신용등급조회가 가능하다. 물론, 10대 아이들은 대출받은 것도 없고 신용카드도 없기 때문에 신용 기록이 없기 마련이고 신용등급 조회가 되지 않을 수 있다.

신용 기록을 확인하는 이유는 고등학생 자녀와 함께 신용 관리 개념과 신용 기록을 깨끗이 유지해야 하는 이유를 설명하기 위함이다. 1년에 한 번은 신용 기록을 열람해야 하는 이유도 설명하자. 소비자 네 명 중 한 명이 자신의 신용 기록에서 오류를 발견했다는 통계에 대해서도 설명하자. 주소가 잘못 입력된 것과 같은 사소한 실수도 있지만, 전체 오류 가운데 5퍼센트는 실제로 당사자에게 물질적 피해를 줄 만큼 심각하다. 가령, 신용이 나쁜 사람과 신상 정보가 혼용되면 신용 평점이 하락하기 때문이다.

가까운 사이라도 돈거래는 피한다

내 친구 리사의 아들 제이크는 비싼 대가를 지불하고 이 교훈을 배웠다. 제이크는 친구 거스와 함께 방과 후에 근력 트레이닝 수업을 받았다. 제이크와 거스는 운동에 푹 빠져서 수업을 열심히 들었다. 거스는 웨이트 벤치를 무척 사고 싶어 했는데 그럴 만한 형편이 아니었다. 제이크는 벤치를 사면 함께 나눠 쓸 수도 있고, 거스가 나중에 돈을 갚을 것으로 생각해 친구 대신 물건값을 지불했다. 그러나 학기가 끝나고도 거스는 돈을 갚지 않았다. 제이크는 웨이트 벤치를 친구에게 빼앗기 싫어서 그대로 두고 떠났다(우정도 버려졌다).

아이들은 친구들 문제라면 기꺼이 주머니를 열지만, 불행히도 그 호의를 배신하고 실망시키는 경우도 있다. 가까운 사이에는 돈거래를 하지 않는 것을 원칙으로 세우는 것이 가장 좋다. 만약 궁지에 빠진 친구를 돕고 싶다면 선물한 셈 치고 돈을 돌려받을 생각은 하지 말자. 다시 말해, 빌려준 돈을 꼭 돌려받아야 할 형편이라면 꿔 주지 않는 게 좋다. 반대로 본인 또한 금방 갚지 못할 형편이라면 가능한 한 친구에게 돈을 빌리지 말아야 한다. 그러지 않으면 서로 불편한 감정이 생겨 우정이 깨질 수도 있다.

개인 정보는 절대 공유하지 않는다

요즘 사람들은 휴대전화를 이용해 대부분의 정보를 관리하기 때문에 더는 뭔가를 암기할 필요가 없어 보이지만 휴대전화가 나쁜 사람 손에 들어가면 위험할 수 있으니 주의해야 한다. 일례로, 누군가 당신의 주민등록번호를 이용해 당신 이름으로 대출을 신청할 수도 있고, 계좌 비밀번호를 이용해 당신의 은행 계좌에 접속할 수도 있다. 따라서 중요한 신상 정보는 그냥 암기하도록 자녀에게 가르치자.

고등학생쯤 되면 무조건적으로 친구들을 신뢰하는 경향이 있다. 따라서 금융 관련 정보는 아무리 가까운 사람이라도 비밀로 유지할 필요가 있음을 강조하는 것이 중요하다. 만약 어떤 사람이 전화를 걸어 주민등록번호나 은행 계좌 및 비밀번호를 가르쳐 달라고 요구하면, 설령 그 사람이 은행이나 학교 직원이라고 자신을 소개할지라도 그 번호를 알려 주면 안 된다고 설명하자. 일단 거절하고 나서 은행이나 학교에 직접 전화를 걸어 그 정보가 꼭 필요한지 알아볼 것을 당부하자.

학자금대출 문제를 논의하자

대다수 가정이 자녀를 대학에 보내려면 돈을 빌려야 하는 처지에 있다. 자녀가 고등학교에 들어가면 이 사실을 설명하고, 학자금대출 문제를 직시하도록 해야 한다. 여러 지원 방안을 함께 찾아볼 것이라고 자녀를 안심시키고, 학자금 문제의 경우는 인생에서 대출이 필요한 예외에 해당할 뿐 아니라 나아가 미래를 위한 의미있는 투자가 될 수 있다는 점을 설명하자. 이 밖에 재정지원 및 학자금대출과 관련해 알아야 하는 모든 사항은 5장을 참고하기 바란다.

 대학생

20yrs old

대다수 대학생은 학자금대출을 받아야 할 가능성이 크다. 이때쯤이면 본인 명의의 신용카드도 가지고 싶어 한다. 자녀가 대학에 들어가 집을 떠날 때가 되면 다음의 사항들을 조언하자.

일상에서 은행을 편하게 이용할 수 있는 환경을 만든다

대학생 자녀라면 집에서 가까운 은행에 예금계좌를 하나 정도는 갖고 있을 테다. 자녀가 이용하는 은행의 지점이 캠퍼스 근처에도 있는지 확인해야 한다. 만약 있다면, 학교에 다니는 동안 이지점을 계속 이용하면 간편하다. 그러면 기존의 직불카드로 물건을 구매하고 현금인출기에서 수수료 없이 돈을 찾거나 아르바이트 급여를 예금계좌에 예치할 수 있다.

기존에 이용하던 은행의 지점이 학교 근처에 없는 경우에는 수수료를 내며 기존 카드를 계속 이용하기보다는 새로운 은행이나 신용조합을 찾는 게 합리적이다. 수수료 없이 돈을 찾을 수 있고 캠퍼스 인근에 현금인출기가 있는 곳이 좋다. 신용조합은 계좌 수수료 면제 조건에 필요한 최소 잔액 요건이 낮은 편이고, 예금이자도 더 높은 편이다. 한국의 경우, 신협(cu.co.kr)과 NH농협(non-ghyup.com)에서 이 조건에 해당하는 신용조합을 찾아볼 수 있다.

은행 업무와 관련해서 자녀가 이 정도는 당연히 알고 있을 것으로 전제하면 안 된다. 내 친구 엘렌의 딸 제이드 이야기다. 엘렌은 신입생이 된 딸아이의 계좌에 100만 원을 입금하고는 교재나 필수품을 구매할 때 또는 비상시에 그 돈을 사용하라고 일러두었다. 두어 달이 지나서 제이드에게 전화가 왔다. 제이드는 몹시 당황한 목소리였다. 누군가 자신의 계좌를 해킹해 돈을 대부분 써 버렸다는 것이다. 엘렌은 제이드에게 돈을 써 놓고서 혹시 잊어버린 것은 아니냐고 물었고, 제이드는 직불카드를 거의 사용한 적이 없다고 큰소리를 쳤다. 두 사람은 전화상으로 사용 내역을 검토하기 시작했다. 제이드는 불현듯 자신이 지불했던 저녁 식사비며 선물 값, 택시비 등을 떠올렸다. 엘렌은 기가 차서 말했다.

"수학은 그렇게 잘하는 녀석이 어떻게 카드로 결제한 금액들 더하기도 못 하니?"

학교 제휴 은행의 직불카드를 주의하자

많은 대학이 은행과 제휴를 맺어 학교 로고가 찍힌 직불카드를 제공한다. 이런 카드들은 학생증, 식권, 심지어 기숙사 출입증으로 이용되기도 한다. 이런 제휴카드는 대부분의 경우 경쟁 관계에 있는 신용조합이나 은행에서 제공하는 것보다 조건이 떨어지기 때문에 이런 카드를 주거래 카드로 쓰지 않도록 자녀에게 조언해야 한다. 제휴카드를 바로 선택하기보다는 앞서 제시한 조건에 맞는 은행을 찾아봐야 한다.

신용 점수의 중요성을 깨닫자

자녀가 성인이 되면 신용 점수에 대해 설명할 때다. 신용 점수는 우리 금융 생활의 대부분을 결정한다. 한국의 대다수 금융기관에서는 NICE 신용평가나 올크레딧의 점수를 많이 활용하는데, 최하 0점에서 최고 1000점에 이른다. 이들 기관은 지표별 비중에서 차이가 있을 뿐 대략 다음과 같은 다섯 가지 평가 요소와 활용 비중을 기준으로 점수를 매긴다.

1. 상환 이력 정보(40퍼센트)
2. 현재 부채 수준(23퍼센트)
3. 신용 거래 기간(11퍼센트)
4. 신용 형태 정보(26퍼센트)
5. 신용 조회 정보(0퍼센트)

일반적으로, 개인의 신용 점수가 낮을수록 제1금융권에서의 대출이 어려워지고 대출금리는 높아진다. 또한 신용 점수가 낮을수록 신용카드 발급이 어려워진다. 이렇듯 신용 점수가 금융 생활 전반에 미치는 영향을 깨닫도록 해야 한다.

3학년이 되기 전에는 신용카드를 만들지 말라

한국에서 대학생이 신용카드를 발급할 수 있는 조건은 최근 3개월 동안 50만 원 이상의 지속적인 소득이 있거나 은행 계좌에 최근 6개월 동안 평균 600만 원 이상의 잔액을 보유한 경우다. 하지만 발급 자격이 되더라도 신용카드는 3학년 이후에 개설하기 바란다. 카드사에서 이런저런 말로 유혹하지만 대학생 자녀가 캠퍼스에 발을 들인 순간부터 신용 기록을 쌓을 필요는 없다. 게다가 학자금대출을 받았다면, 그 돈을 갚아 나가는 순간부터 좋은 신용 기록을 쌓는 셈이다. 특히 신입생 때는 가뜩이나 대학 생활에 적응하면서 할 일이 많은데, 신용카드 대금으로 스트레스 받을 일까지 자초할 필요는 없다.

대학에 다니며 신용카드를 사용할 경우 또 다른 위험에 직면할 수 있다. 신용카드 대금이 늘어날 경우 학자금으로 대출받은 돈을 신용카드 빚을 갚는 데 쓰고 싶은 유혹에 빠진다는 것이다. 물론, 이러한 행위는 대출 규약에 어긋난다. 이 같은 꼼수를 부려 당장 발등에 떨어진 불은 끌 수 있을지 몰라도 근본적인 과소비 문제는 해결하지 못한다. 학자금으로 신용카드 빚을 갚고 나면 다시 신용카드 빚을 지는 경우가 많고, 이런 카드 빚은 눈덩이처럼 불어나기 마련이다.

신용카드 대금은 전액 제때에 지불한다

대학생이 되어 바쁘게 살다 보면 카드 대금을 연체하게 되기도 한다. 그럴 경우 연체료 정도만 더 내면 된다고 생각하지만 그렇지 않다. 앞서 살펴본 것처럼 신용 점수 평가에서 상환 이력 정보의 비중은 매우 높다. 또한 한 번만 연체해도 신용 점수가 떨어질 수 있기 때문에 신용카드 대금 전액을 제때 갚는 것을 습관화해야 한다. 당장 자금에 여유가 없다고 물건값을 할부로 결제하거나 연체해서는 안 된다고 자녀에게 분명히 가르치자.

사회 초년생

24yrs old

자녀가 대학을 졸업했거나 사회에 진출했다면, 부채에 대한 개인 교습 시간은 끝났다. 이제부터는 실전이다. 대출받은 학자금을 상환하는 것부터 신용카드 빚에서 벗어나는 것은 물론, 자동차 대출을 받는 것에 이르기까지 자녀에게는 부모의 실질적인 조언이 필요하다.

대출받은 학자금은 본인이 갚는다

나는 이런 말을 수없이 들었다.

"어떤 애가 곧 대학을 졸업하는데(또는 졸업했는데) 대출금이 하도 많아서 매달 갚아야 할 금액이 얼마인지, 언제 납입해야 하는지, 심지어 어디로 돈을 입금해야 하는지도 모른대."

사정이 이렇다면 조만간 재앙이 닥칠 게 뻔하다. 우선 한국장학재단의 학자금대출은 보통 취업 후 일정 소득이 발생하면 바로 상환을 시작해야 한다. 만약 자녀가 민간은행의 학자금대출을 받았다면, 해당 기관에 문의해 가능한 한 빨리 대출금 상환과 관련한 세부 내용을 확인해야 한다. 자신이 대출받은 민간업체가 어느 회사인지 또는 몇 군데에서 대출받았는지 확실히 모른다면, 자신의 신용정보를 조회하면 된다. 한국에서는 올크레딧(allcredit.co.kr)과 NICE지키미(credit.co.kr)에서 4개월에 한 번씩 1년간 총 3회까지 신용정보를 무료로 확인할 수 있다.

학자금 상환을 연체하면 신용 점수가 떨어질 뿐 아니라, 부모가 대출에 보증을 섰을 테니 부모 역시 그 돈을 상환해야 할 처지에 놓인다. 또 부채가 상환되지 않으면 부모의 신용 점수 역시 하락한다. 불행히 대다수 민간 대부업체들은 정부 대출과 달리 상환 방식을 다양하게 제공하지 않는다.

돈이 없어서든 그냥 아무 생각이 없어서든 처음부터 학자금대출 상환 시일을 어기는 대학 졸업생들이 굉장히 많다. 자녀가 학자금대출을 받았다면 그런 일이 발생하지 않도록 단단히 일러두자.

◆ 학자금대출 상환 4단계 ◆

한국의 경우, 학자금대출을 받은 대학 졸업생들은 평균 901만 원의 부채를 떠안는다. 대학에서 학문을 공부하며 놀라운 수준의 지식을 보유한 채 졸업하겠지만, 정작 학자금 상환 방법에 대해서는 별로 아는 게 없을 가능성이 크다. 대학생 자녀들이 다음 네 가지 핵심 단계를 숙지해 곧 닥칠 현실에 대비하도록 해야 한다.

1단계 본인의 학자금대출 현황을 자세히 파악한다

한국장학재단을 통해 학자금대출을 받은 경우라면, 한국장학재단 웹사이트(kosaf.go.kr)에 방문한다. 학자금대출 조회 항목에 들어가 등록하고 로그인하면 언제부터 어떤 방식으로 얼마를 입금해야 하는지 확인할 수 있다. 만약 민간 금융기관을 이용했다면, 직접 대출기관을 확인해 연락해야 한다.

2단계 미취업 상태라면 대출금 상환을 연기한다

학자금대출을 갚지 못하는 상황보다 더 괴로운 일도 없을 것이다. 일자리를 구하지 못했거나 복학 또는 봉사활동을 하느라 대출금을 지불할 형편이 안 되는 경우에는 상환을 연기할 수도 있다. 상환을 연기하면 본인이 처한 환경에 따라 수개월 또는 여러 해 동안 상환을 유예받는다. 상환 연기를 신청할 자격이 되지 않는다면 상환 유예를 신청할 수 있는지 따져 보자. 이렇게 하면 최대 4년까지 상환을 중지하거나 상환 금액을 줄일 수 있다. 다만 이 경우에는 그 기간에 이자가 계속 붙을 수 있다는 점을 염두에 두어야 한다. 더 자세한 정보를 원한다면 한국장학재단 웹사이트(kosaf.go.kr)와 국세청의 취업 후 상환 웹사이트(icl.go.kr)를 확인하기 바란다.

3단계 대출금 상환 계획을 선택한다

학자금대출을 받으면 자동으로 표준 상환 계획에 등록되는데, 이는 대출금 전액을 상환할 때까지 10년에 걸쳐 매달 동일한 상환액을 지불하는 것을 의미한다. 하지만 이런 방식으로 납입할 여건이 안 되는 경우에는 다른 방식을 선택할 수도 있다. 국세청의 취업 후 학자금 상환 웹사이트에 있는 대출 상환 계산기를 활용하면 본인이 지불할 수 있는 최대 납입 금액을 선택해 상환 계획을 세워 볼 수 있다. 이를 통해 대출 기간에 누적되는 총 이자 금액을 최소화할 수 있다. 하지만 학자금 금리보다 높은 금리의 신용카드 부채가 있는 경우에는 예외다. 이 경우에는 학자금을 최소한으로 상환하고 먼저 신용카드 부채를 갚은 다음에 학자금 상환액을 높이도록 한다. 몇 가지 상환 계획을 간단하게 살펴보자.

※ **자율 상환방식** 취업하여 소득이 발생하는 해부터 한국장학재단에 수시로 자발적으로 상환하는 방식이다. 다음 연도에 부과될 의무 상환액을 해마다 감소시키는 방법이다.

※ **원천공제 개시 전 선납** 원천공제 개시 전에 1년 치 의무 상환액 전액을 미리 납부하거나 50퍼센트씩 총 2회로 나눠 상환하는 방법이다.

※ **고용주에 의한 원천공제** 고용주가 매월 급여에서 상환액을 원천공제하여 상환하는 방법이다.

※ **원천공제 개시 후 잔여액 납부** 원천공제 진행 중에 나머지 상환액 전부를 일시에 상환하는 방법이다.

※ 종합소득자이거나 양도소득이나 상속, 증여로 인한 재산이 발생했을 때는 세무서에서 발부한 고지서로 납부할 수 있다.

4단계 월별 상환금을 제때 납부한다

무슨 일이 있어도 상환금을 제때 납부하자. 제때 납부하지 않으면 연체금이 부과되고 그에 따라 신용등급도 떨어진다. 만약 소득이 있는데도 의무 상환액을 납부하지 않으면 세무서에서 의무 상환액의 납부를 고지하며, 납부 기한까지 내지 않으면 연체금이 추가로 부과된다. 고지한 납부 기한 경과 후에는 독촉장이 발부되며 그때까지도 납부하지 않으면 강제징수를 당할 수 있다. 이런 사태를 예방하려면 자동 납부를 신청해 두는 편이 좋다. 그리고 여윳돈이 있으면 금리가 가장 높게 적용되는 대출금부터 별도로 납부하도록 하자.

자동차 대출을 받을 때는 꼼꼼하게 살피자

대학을 졸업한 자녀에게 자동차가 꼭 필요한데 차를 살 만한 현금이 없어 자동차 대출을 받아야 할 수도 있다. 자동차 대출을 받을 때 주의할 점 네 가지를 알아보자.

상환 기간은 가능한 한 짧게 신청하기 자동차를 구입하는 예산을 고려해 길게는 8~9년이나 되는 대출 상품을 권하는 대부업체들이 있다. 그러나 자동차 대출 기간은 3년이 적절하다. 만기일을 연장하면 월별 상환금은 줄어들겠지만, 더 많은 이자를 지불해야 하고 나중에 보상판매라든가 중고로 판매할 때쯤이면 결국 손해를 더 많이 보게 된다.

사전조사 하기 자동차 대리점을 방문하기 전에 현행 자동차 대출 금리와 자동차 가격 정보를 어느 정도 파악하고 있어야 한다. 카드사별 온라인 사이트에서 자동차 대출금리 정보를 제공하고 있으니 꼼꼼히 살펴보고 비교하도록 한다.

직접 손품 팔기 대출금리는 판매자가 권하는 대출 조건에 만족하지 말고, 근처에 있는 은행이나 신용조합에도 직접 문의해 더 경쟁력 있는 금리를 제공하는지 확인해야 한다. 특히 신용 점수가 낮다면 비우량 대출을 제안받을 가능성이 높다. 이런 대출은 피하는 것이 좋다. 비우량 대출을 받으면 신용등급이 우수한 사람보다 세 배나 높은 금리를 지불하기도 한다. 만약 차량 구입을 보류하고 먼저 신용 점수를 끌어올린다면, 더 나은 금리를 제안받을 수 있다. 차를 꼭 구입해야만 한다면, 비용이 저렴한 중고차를 선택해 월별 상환금을 줄이도록 하자.

상환 조건을 먼저 이야기하지 않기 자신이 생각하는 월별 상환금 조건을 대리점에 먼저 이야기하기보다는 우선 자동차 가격을 서로 합의한 뒤에 돈을 조달하는 문제를 논하자. 대리점 측에서 월별 상환금에 맞춰 자동차 가격을 조정하는 일을 막기 위해서다.

신용카드로 생활비를 조달하지 말라

사회생활을 시작하는 자녀에게 이미 이야기했겠지만 누차 강조해도 지나침이 없다. 신용카드를 쓴다면, 다달이 내는 신용카드 대금을 전액 갚을 수 있어야 한다. 이제 사회 초년생이라 초봉이 낮은 만큼 주유비나 식비 등의 필수 품목은 신용카드로 지불해도 괜찮다고 생각할지 모른다. 얼핏 들으면 일리가 있어 보이지만 그렇지 않다. 그것은 파멸로 향하는 지름길이다. 그렇기 때문에 카드 대금 잔액 0원 정책을 무조건 유지하도록 강권하는 것이 좋다. 자녀의 소득이 적을수록 신용카드로 생활비를 지불하려는 생각은 더 위험하다. 장차 카드 대금을 갚을 가망이 그만큼 희박하기 때문이다. 이런 함정에 빠지지 않으려면 생활비를 줄여야 한다. 한 살이라도 젊고 몸이 홀가분할 때가 아니면 언제 허리띠를 바짝 졸라매겠는가? 룸메이트를 구해 긴축재정을 유지하든, 대중교통으로 출퇴근을 하든, 부업을 구하든, 어쨌든 빚을 지지 않는 것을 목표로 삼아야 한다.

청구서를 꼼꼼히 살펴보자

자녀가 사회생활을 하다 보면 직장을 잃거나 아니면 잘못된 결정을 내려 대금을 갚지 못하는 상황에 처할지도 모른다. 착한 사람이라고 해서 부채 문제가 생기지 않는 것은 아니다. 이렇게 되면 우편물을 열어 보기도 겁나고 전화벨이 울릴 때마다 혹시 상환을 독촉하는 채권자일까 싶어 가슴이 두근거린다. 그러나 어떤 경우에도 눈을 감고 문제를 회피해서는 안 된다. 앞서 설명했듯이 정부의 학자금대출의 경우, 상환을 연기하거나 탕감을 받는 방법들이 있다. 하지만 채무불이행 낙인이 찍힌다면 이런 대안을 써먹으려야 써먹을 수가 없다. 카드사와 협상을 통해 더 좋은 조건으로 금리 및 상환 일정을 조정할 수 있으려면 무엇보다 신용등급이 좋아야 한다. 만약 자녀가 빚더미에 빠질 상황이라면 신용회복위원회의 신용 상담사에게 도움을 구해야 한다.

집값의 20퍼센트에 해당하는 계약금을 모으자

2019년 국토교통부 보고서에 따르면 최근 4년 안에 생애 최초로 주택을 마련한 가구주의 평균 연령은 43.3세였다. 약 10년 전인 2008년에 40.9세였던 것에 비하면 2년 이상 더 늦춰진 것으로 나타났다. 즉, 많은 젊은이가 30대까지는 자기 집을 장만하지 못할 확률이 높다는 뜻이다. 따라서 부모는 일찌감치 주택대출 문제에 대해 자녀와 대화를 나누는 것이 현명하다.

주택을 구매하는 시기를 결정하는 문제 역시 쉽지 않다. 자녀가 매달 내는 월세와 주택 마련 대출금을 단순 비교하는 것으로 끝날 일이 아니다. 결혼 또는 직장 문제로 주택을 구매하고 최소 5년간 그 집에서 거주할 가능성이 낮은 경우에는 주택 구매가 좋은 선택이라고 볼 수 없다. 주택을 사고 팔 때 발생하는 수수료만 수백만 원에 달하기 때문이다. 만약 주택을 구매하고 조만간 다시 이사할 상황이라면 그 기간에 순자산(주택의 가치에서 빚을 뺀 금액)은 별로 증식하지 못할 테고, 그럴 거라면 주택에 투자하기보다는 같은 기간에 세 들어 사는 게 더 현명한 선택이다.

한국의 경우, 부동산 애플리케이션 '직방'에서 주택을 거래할 때 필요한 제반 비용을 알려 주는 계산기를 제공하고 있으니 이를 활용해 보자.

만약 주택 구입을 위한 계약금을 자녀에게 빌려줄 생각이라면 다시 생각해 보자. 일반적으로 은행과 주택자금 대출기관에서는 증여 사실을 서면으로 입증할 것을 부모에게 요구한다. 만약 빌려준 것이라면 자녀는 주택대출금은 물론 그 돈도 갚아야 한다. 한국의 경우, 이 밖에 한국주택금융공사(hf.go.kr)를 통해 주택대출을 받는 방법도 고려할 수 있다. 이곳에서는 생애 첫 주택 구입자를 위해 주택 마련을 위한 대출금 이자를 2퍼센트 정도만 요구한다.

신용카드 빚은 자녀가 직접 갚는다

부채에 대한 부모의 입장이나 자녀와의 관계, 각자의 경제적 여건에 따라 다를 수 있지만, 한동안 자녀가 집에 들어와 지내도록 허용하는 것과 빗나간 경제관념을 허용하는 것은 별개의 문제다. 성인이 된 자녀에게 돈을 줘서는 안 된다는 말이 아니다. 하지만 자녀가 심적으로 제대로 대가를 치르지도 않았는데 카드 대금을 대신 갚아 주는 것은 빚에 허덕이는 악순환을 영속화하는 행위다. 만약 자녀가 빚에서 빠져나오도록 돕고 싶다면, 자녀에게 진짜 도움이 되고 부모 본인에게도 피해가 가지 않는 방법이어야 한다.

부모가 자녀의 신용카드 빚을 갚아 줄 수 있고 또 기꺼이 그럴 생각이라고 하자. 이 경우 부모는 자녀에게 또다시 신용카드 빚에 빠지지 않도록 계획을 세우라고 요구하고, 그 계획이 현실성이 있는지 확실히 점검해야 한다. 문제를 방지할 실질적인 대안 없이 돈만 주는 것은 문제를 악화시킨다. 차라리 자녀가 갚지 못한 청구서를 보내라고 해서 부모가 직접 그 돈을 상환하라. 또는 식료품을 구입할 수 있도록 돕고 싶다면, 현금 대신 슈퍼마켓에서 쓸 수 있는 상품권을 제공하라.

자녀의 빚을 갚기 위해 부모가 자신의 비상금을 내어 주는 일은 절대로 없어야 한다. 자녀보다 훨씬 일찍 맞이할 자신의 노후를 위기에 빠뜨릴 수 있기 때문이다. 만약 자녀에게 돈을 그냥 주기보다는 빌려줄 생각이라면, 다음의 글 '자녀에게 돈을 빌려줄 때의 3가지 규칙'을 참고하기 바란다. 그리고 가까운 사이에 돈을 빌려주는 문제와 관련해 앞서 내가 했던 조언을 기억하는가? 돈을 돌려받지 못할 가능성까지 생각해야 한다. 어쨌든 어떤 대출이라도 보증을 서지 말고, 자녀의 빚을 떠맡지 말라. 부모 본인의 신용 점수를 크게 떨어뜨릴 수 있다.

◆ 자녀에게 돈을 빌려줄 때의 3가지 규칙 ◆

성인이 된 자녀가 빚 때문에 곤경에 빠질 때가 있다. 이럴 때 부모들은 자기 자식을 빚더미에서 구해 주고 싶은 마음이 드는 게 당연하다. 이제 그들도 어엿한 성인이므로 부모에게는 그럴 의무가 없지만, 그럼에도 부모가 기꺼이 그러고 싶고 또 그럴 능력이 된다면 기왕이면 제대로 도와야 한다. 자녀에게 돈을 빌려줄 때는 다음의 규칙을 기억하자.

규칙 ❶ 어느 쪽에도 손해가 되면 안 된다

특히 비싼 대출을 청산하고 숨 돌릴 틈을 주는 경우라면 자녀에게 이자를 받는 것도 좋다. 예를 들면, 금리 21퍼센트의 신용카드 빚을 청산할 수 있도록 금리 5퍼센트에 돈을 빌려주는 것이다. 이 경우 얼마나 많은 돈을 절약할 수 있는지 보여 주자. 만약 금리 21퍼센트로 신용카드 회사에 1200만 원을 빚졌고 매달 최소 결제금액만 지불했다면, 1년에 이자만 140만 원 가까이 지불하게 된다. 반면 부모에게 금리 5퍼센트로 돈을 대출받으면 이자가 35만 원 아래로 줄어든다.

규칙❷ 거래는 서면으로 작성한다

부모 자식 간에 너무 사무적으로 보일지 몰라도 이렇게 하는 것이 서로 합의한 내용을 기억하는 데 도움이 된다. 이자와 상환일을 명시한 계약서를 작성하자. 장담컨대, 이렇게 해야 혼란을 피하고, 나중에 일어날지 모를 논란의 불씨를 제거할 수 있다. 계약서 양식은 인터넷 검색을 통해 찾을 수 있다.

규칙❸ 세금에 미치는 부정적 영향은 없는지 확인한다

가족 간에 돈 거래를 할 때 우리나라의 상속증여세법은 이자를 4.6퍼센트를 주도록 규정하고 있다. 이보다 적게 낼 경우에는 차액 부분에 대해 국가에 증여세를 내도록 하고 있다. 만일 이보다 낮은 3퍼센트의 이자로 현금을 빌려줄 경우에는, 이 금액이 누적하여 1000만 원을 넘어가면 증여세가 과세된다. 따라서 이자를 낮추려면 증여세에 유의해야 한다. 그러나 만일 자동차 같은 물건을 사거나 빚을 청산하기 위해 부모가 자녀에게 빌려주는 돈이 5000만 원이라면 이 규정을 신경 쓰지 않아도 된다. 이 금액을 넘어선다면 앞서 말한 상속증여세법을 염두에 둬야 한다.

내 아이에게
맞는 카드는 무엇일까?

카드 사용의 문제점은 무엇인가? 쓰고 나면 눈앞에서 바로 사라지는 무정한 현금과 달리 게임에 나오는 화폐처럼 소비 감각이 둔해져 돈을 더 많이 쓰는 결과를 초래한다는 점이다. 부모가 자녀를 위해 선택할 수 있는 카드에 대해 알아보자.

선불카드

선불카드는 카드에 돈을 충전해서 결제하는 방식이다. 편의점이나 온라인상에서 구입할 수 있으며, 사용자가 원하는 만큼 돈을 충전하여 사용하는 방식이다. 하지만 선불카드를 사용할 수 있는 곳이 적은 편이라 제약이 많고 잔액이 부족할 때마다 일일이 가상계좌로 입금해야 한다는 불편이 있다. 부모들이 현금 대신 이런 카드를 어린아이들에게 만들어 주는 것이 한때 유행이었지만, 나는 이런 것들은 피하라고 권한다. 어린이들의 경우 돈이 사라질 때의 아픔을 느낄 수 있는 현금을 사용하도록 하자.

직불카드

은행에서 제공하는 직불카드가 있으면 현금인출기에서 돈을 인출할 수 있고, 사용자의 예금계좌에서 대금을 인출하는 방식으로 물건을 구매할 수 있다. 만 12세 이상 미성년자부터 보호자와 함께 은행을 방문하여 직불카드를 개설할 수 있고, 만 14세 이상에 해당하면 보호자 동반 없이도 개설이 가능하다. 부모의 예금계좌와 연계된 직불카드를 아이에게 주는 것은 금물이다. 아무런 제약 없이 부모의 돈에 접근할 수 있기 때문이다.

가족카드

부모가 이용하는 신용카드 회사에서 자녀에게 발행하는 신용카드다. 청구된 금액은 부모가 지불하지만, 가족 회원으로 등록된 자녀 역시 총 한도액까지 이용 가능하다. 많은 부모가 자녀에게 가족카드를 개설해 주고 거래실적을 꾸준히 쌓으면 무조건 신용등급이 올라가리라 기대하지만 일부 금융기관에서는 가족회원의 실적을 신용평가사에 보고하지 않는 경우도 있다. 또한 자녀가 사용한 금액을 부모가 갚지 못하면, 부모의 신용 점수도 타격을 입기 때문에 거래 내역을 주의 깊게 감시하는 것이 좋다.

이런 카드는 대학생 자녀에게 위급한 일이 생겼거나 특별히 지출할 필요가 생겼을 때 편리하게 쓰일 수 있다. 그러나 가족카드가 꼭 필요한지 신중하게 생각해야 한다. 그리고 만약 가족카드를 발급한다면 어떻게 사용할지 규칙을 정하고, 임시로 사용하는 조치임을 분명히 알려야 한다.

한편, 카드 거래 내역은 신용평가에 들어가는 여러 평가지표 가운데 하나다. 당신의 자녀가 개설할 수 있는 플라스틱 카드의 종류와 이런 카드들이 자녀나 부모의 신용에 미칠 수 있는 영향을 살펴보자.

카드 종류	자녀가 신용 기록을 쌓는 데 도움이 되는가?	자녀의 신용 점수에 영향을 미치는가?	부모의 신용 점수에 영향을 미치는가?
선불카드	아니요	네	아니요
직불카드	아니요	네	아니요
가족카드	대개는 도움이 된다. 단, 가족 회원의 거래 내역을 신용평가사에 보고하지 않는 업체도 있으니 확인해야 한다.	업체에 따라 다르다. 연체 기록이 항상 신용정보에 남는 것은 아니다.	그렇다. 계좌 소유주가 누구든지(대개 부모일 테지만) 카드에서 사용된 내역에 책임을 져야 한다.

똑똑한 신용카드 사용의
6가지 원칙

어떤 신용카드를 선택해야 할까? 온갖 혜택과 보너스 포인트를 약속하는 시끄러운 광고는 일단 무시하도록 하자. 신용카드를 발급할 때 알아두면 도움이 되는 6가지 원칙을 살펴보자.

원칙 1 손품을 팔아라

흔히 우편물이나 인터넷 창에서 보게 되는 신용카드 광고에서는 고객에게 진짜로 좋은 조건들은 홍보하지 않는다. 그러니 네이버 신용카드 페이지(card.search.naver.com)에서 연회비, 혜택 유형 등을 입력해서 직접 알아보거나 각 카드사 사이트를 통해 적절한 후보를 골라 보자.

원칙 2 연이율이 가장 낮은 신용카드를 선택하라

일반적으로 연이율에는 이자와 연회비 등이 포함된다. 매달 카드 대금을 전액 갚아 나가기로 굳게 결심했어도 혹시 대금을 갚지 못하는 사태가 발생할 경우 연이율이 낮을수록 돈을 아낄 수 있다. 각종 제휴 카드는 대체로 연이율이 높기 때문에 주의해야 한다.

원칙 3 연회비가 있다면 혜택을 꼼꼼히 살펴보라

인터넷에서 손품을 팔다 보면 연회비가 없는 신용카드를 어렵지 않게 찾을 수 있다. 반면, 사용자가 받게 될 혜택을 상쇄하고도 남을 만큼 연회비가 높은 경우도 있다. 가능한 한 연회비가 없는 카드를 이용하는 것이 좋지만, 카드 대금을 꼬박꼬박 갚는다는 전제하에 신용카드 회사가 제공하는 혜택이 연회비를 뛰어넘을 만큼 자기에게 쓸모 있는 경우에는 사용해도 좋다.

원칙 4 신용카드 발급을 거절당했다면 잠시 기다려라

만약 신용카드를 신청했는데 자격에 맞지 않아 발급에 실패했다면, 연이어 다른 신용카드를 계속 신청하지 않도록 한다. 신용카드를 신청할 때마다 조회한 기록이 신용 기록에 남기 때문이다. 신용 조회 기록이 많이 보이면 한시적으로 신용 점수가 떨어진다. 회사에 전화를 걸어 신청이 기각된 이유를 물어보고, 6개월 정도 기다렸다가 다른 곳에 신청하는 것이 좋다. 그 시간 동안에는 빚을 줄이거나 대금을 제때 지불하며 심사 통과 가능성을 높이도록 하자.

원칙 5 매달 신용카드 대금을 전액 갚아라

다시 한번 강조하지만, 미결제액이 남아 있으면 이자를 지불하게 된다. 이렇게 되면 무엇을 사든 더 비싸게 사는 셈이다. 매달 최소 금액만 결제하고 나머지는 다음 달로 이월되는 리볼빙 서비스를 이용할 경우 각 카드사 사이트에서 이자가 얼마인지 확인할 수 있다. 매달 청구서를 미리 꼼꼼히 확인해서 미결제액이 남지 않도록 잘 관리하는 습관을 들이자.

원칙 6 절대로 한도까지 사용하지 말라

한도액에 가깝게 결제하면 신용등급이 떨어질 수 있다. 사용자가 신용카드 대금을 갚기 전에 신용카드 회사가 월별 대금 잔액을 신용평가사에 자주 보고하는 것도 이 때문이다. 즉, 카드 사용자가 며칠 뒤에 대금을 전액 갚는다고 해도, 한도액 대비 월 사용액이 너무 많은 경우 신용 점수에 부정적인 영향을 미친다. 카드를 여러 개 갖고 있고 카드마다 한도액을 초과하지 않게 사용한다 해도, 사용한 총액이 이용 가능한 한도액(모든 한도액을 더한 값)의 20퍼센트를 초과한다면 신용 점수가 떨어질 수 있으니 주의하자.

7장
현명한
결정을 내리는
안목을 길러라

초등학교 때 우리 반 여자애가 입었던 아이조드 셔츠를 몹시 갖고 싶어 했던 일을 지금도 기억한다. 나는 악어 로고가 박힌 폴로셔츠가 너무나 탐났지만 우리 부모님은 유명 브랜드 옷을 좋아하는 분들이 아니었다. 그러던 어느 날 기적이 일어났다. 돈 많은 밀드레드 이모가 우리에게 자신의 10대 딸이 입던 옷가지들을 담은 상자를 보내 왔는데 거기에는 녹색 아이조드 드레스가 들어 있었다. 내게는 너무 큰 사이즈였지만, 그 옷에는 악어 로고가 붙어 있었다. 나는 조심스럽게 그 로고를 잘라낸 뒤 내가 아끼는 녹색 스웨터에 바느질로 꿰맸다. 다음 날 나는 자랑스럽게 그 창작물을 입고 등교했다.

악어 로고 옷을 입은 어느 아이가 내 스웨터를 빤히 쳐다보더니, 반 아이들이 모두 보는 앞에서 "이건 가짜야. 네가 꿰맨 거잖아!"라고 외쳤다. 나의 엉성한 바느질 솜씨 때문에 들통이 난 것이다. 몹시 분했던 나는 그 스웨터를 학교 사물함 아래 칸에 던져 놓고 다시는 입지 않았다. 정말 놀라운 사실은 그 일이 일어났을 때 나는 여덟 살에 불과했다는 것이다. 1970년대는 프라다의 시대도 아니었고, 나 역시 촌스러운 학생이었는데도 그 악어가 그렇게 중요했다.

유명 브랜드의 스니커즈라든가 특정한 최신식 장난감이 꼭 있어야 그들이 행복할 수 있다고 말할 때는, 그런 감정들이 얼마나 강한지 기억하지 못한다. 어린아이들이 '그냥 부츠'와 어그 부츠, '그냥 티셔츠'와 언더아머 티셔츠, '그냥 헤드폰'과 비츠 헤드폰을 민망할 정도로 차별할 때 어른들은 두렵기까지 하다. 도대체 내가 뭘 잘못했기에 내 아이들이 물질주의의 노예가 되었는지 의아한 생각이 들기 시작한다.

그러나 이는 부모의 잘못만은 아니다. 물론, 아이들은 부모에게서 많은 것을 배운다. 그러나 부모의 조언은 흔히 마케팅 산업이 전달하는 메시지에 밀려나기 일쑤다. 이들 업체는 아이들이 걸음마를 떼거나 말문이 트이기 전부터 광고 메시지를 전달하기 위해 해마다 수억 원을 지출한다. 시리얼을 예로 들어 보자. 코넬대학의 한 연구에 따르면, 슈퍼마켓 선반에서 아동용 시리얼은 성인용 시리얼이 놓인 위치보다 절반 정도 낮은 높이에 배치되어 있는데, 아동용 시리얼 포장지에 그려진 요정이나 해적, 토끼의 시선은 놀랍게도 평균 10도 정도 아래쪽을 향하고 있어 어린이들의 시선과 마주치게 되어 있다. 반면 성인용 시리얼의 캐릭터들은 정면을 응시한다.

아이들이 마케팅의 집중포화를 받고 있다는 것은 어제오늘 이야기가 아니다. 마케팅 전문가들은 오래전부터 아이들이 광고와 텔레비전 프로그램을 구분하지 못한다는 사실을 알고 있었다. 게다가 요즘에는 소셜미디어부터 웹사이트, 스마트폰, 심지어 학교 교실까지 아이들에게 접근하는 통로도 전에 없이 다양해졌다. 성인의 뇌를 연구한 여러 결과를 보면 인간의 구매 욕구는 참으로 강력하다. 피실험자들의 MRI 스캔 사진들을 보면, 마음껏 쇼핑을 즐기는 모습을 상상했을 때 뇌의 특정 부분에 불이 들어오는 것이 확인된다.

부모들에게 반가운 소식을 전하자면, 이런 마케팅의 공세에도 우리는 아이들이 똑똑하게, 더 나은 선택을 하도록 도울 수 있다는 것이다.

올바른 소비 교육은 흔히 현명한 소비에 대해 우리가 품고 있는 전제를 수정하는 작업에서부터 시작한다. 일례로, 사람들은 선택지가 많아야 좋다고 믿지만 오늘날 심리학자들에 따르면 선택지가 많을수록 결정을 내리기가 훨씬 어려울 뿐 아니라, 자신이 내린 결정에 대한 만족도가 떨어진다고 한다(샐러드 바를 내려다보며 우리가 얼마나 스트레스를 받는지 생각해 보라). 선택지의 수가 감당할 만한 수준이어도 무언가를 선택하기는 여전히 쉽지 않은 일이다. 여러 연구 결과에 따르면 그날의 기분, 추억, 친구, 날씨를 비롯해 온갖 요소가 우리가 소비할 때 내리는 선택에 영향을 미치기 때문이다.

부모는 자녀가 현명한 소비자가 되도록 가르쳐야 한다. 물건을 구매할 때마다 완벽한 결정을 내리지는 않더라도 평균적으로 올바른 결정을 내릴 수 있어야 한다는 뜻이다. 자녀가 현명한 소비를 하도록 돕는 일은 곧 부모 자신을 돕는 일이다. 자녀가 부모의 소비활동에 영향을 미치기 때문이다. 한 조사에 따르면 학부모들이 소비하는 비용 중 연간 182조 원이 10대 초반 아이들, 특히 그들이 좋아하는 브랜드에 쓰인다고 추정한다. 이는 엄청난 구매력이다. 부모들이 저렴한 컴퓨터 대신 유명 브랜드의 컴퓨터를 구매한 이유는 물론, 수많은 소비자가 저녁 식사를 위해 맥도날드를 찾는 이유도 설명이 되는 부분이다.

다행히 아이들은 사람을 의심하고 반항하는 본능, 적어도 다른 사람에게 속지 않으려는 본능이 빠르게 자란다. 남에게 조종당하지 않고 자주적으로 행동하려는 본능을 이용하면 자녀가 독자적으로 판단할 줄 아는 현명한 소비자로 성장하게 도울 수 있다.

 ## 유아기

4yrs old

유아기 아이들은 작고 사랑스럽지만, 그래 봬도 자신만의 확고한 의견과 욕망을 지닌 소비자들이다. 유아기 자녀가 물질주의라는 지뢰밭을 헤쳐 나갈 때 도움이 될 만한 몇 가지 지침을 살펴보자.

원하는 물건과 필요한 물건을 구별하라

꼭 있어야 하는 물건과 없어도 되는 물건을 구별하는 일이 기초 중의 기초처럼 보여도, 아이들에게는 그렇지 않다. 유아기 아이들은 제과점을 지나치다 본 컵케이크를 필수품으로 느낄 수 있다(사실 나 역시 가끔은 그렇게 느낀다). 이 개념을 이해하는 작업이 현명한 소비 습관을 만드는 기초가 된다. 그러니 아이가 슈퍼마켓에서 "사 줘요!"라고 떼를 쓸 때면 정말로 원하는 물건과 실제로 필요한 물건의 차이점을 가르칠 기회로 활용하자. 우유와 사과는 필요한 물건인 반면, 초콜릿 우유와 오레오 과자는 원하는 물건이다. 복도를 걸어가며 아이에게 이렇게 물어보자.

"이건 필요한 물건일까? 아니면 원하는 물건일까?"

필요한 물건은 카트에 들어가고 원하는 물건은 선반에 그대로 둔다. 어쩌면 한두 개는 예외로 가져갈 수 있다. 일단 아이가 요점을 파악했다면 이 게임의 난도를 좀 더 높이도록 하자. 옷은 분명 필요한 물건이지만, 스파이더맨 우비는 원하는 물건에 속한다.

내가 아는 한 엄마는 다섯 살배기 딸아이의 구매욕을 일컬어 '원하는 물건의 공습'이라고 부른다고 했다. 하지만 새로 구입한 대형 텔레비전이 필요한 물건인지 아니면 원하는 물건인지 묻는 딸아이의 질문에 그녀는 허를 찔렸다고 한다. 그녀는 딸아이에게 어른들도 때때로 원하는 물건의 공습을 받는다는 사실을 인정했다. 이 사건이 전환점이 되어 모녀는 이후 원하는 물건의 공습이 시작되면 한 걸음 물러서서 합리적으로 따지게 되었고, 이따금 서로 마주 보며 웃는다고 했다.

광고를 믿지 말라

유아기 아동에게 광고가 얼마나 은밀하게 퍼지는지(또 효과적인지) 보여 주는 실험이 있다. 스탠포드대학교 연구진이 3세부터 5

세까지의 아동 63명을 대상으로 이런 실험을 한 적이 있다. 연구진은 다섯 종류의 음식을 두 가지로 똑같이 나눠 한쪽은 맥도날드 포장지에 싸고, 다른 쪽은 아무 표시가 없는 포장지에 싸서 제공했다. 어느 음식이 더 맛있냐고 물었을 때, 그 음식이 당근이든 치킨너깃이든 상관없이 맥도날드 포장지에 싸인 음식을 선택한 아이가 압도적으로 많았다.

유아기 자녀에게 다음과 같이 솔직히 이야기하는 것도 광고가 미치는 영향에 맞서 싸우는 한 가지 방법이다.

"텔레비전이나 인터넷에 나오는 것을 그대로 믿어서는 안 돼. 특히 광고는 절대 그대로 믿어선 안 돼."

예를 들어 다음번에 아이와 함께 텔레비전을 보다가 음료수 광고가 나오거든 이렇게 이야기해 보자.

"저 회사는 아이들에게 음료수를 팔아 돈을 번단다. 그래서 저 음료수를 마시면 사람들이 진짜로 행복해질 수 있는 것처럼 말하는 거야. 광고가 어떻게 우리를 속이는지 찾아내는 일도 참 재밌어."

화면에 보이는 사람들이 회사 측에서 승인한 대본에 적힌 대로 행동하는 연기자라는 점, 화사한 색상과 유쾌한 음악을 이용해 음료수를 보면 즐거운 기분이 들도록 유도한다는 점을 설명하자. 나이가 어린 만큼 구체적으로 광고의 기능과 효과를 보여 주는 방법도 좋다. 유아기 자녀에게 직접 맥도날드 포장지 실험이나 브랜딩 테스트를 해 보자.

"안 돼"라고 말해야 하는 상황을 회피하지 말라

지인 중에는 아이들이 자기가 원하는 것을 얻지 못하면 울고불고할까 봐 무서워서 아예 상점에 데려가지 않는 부모들도 있다. 그 심정은 백번 이해한다. 하지만 나는 아이들이 떼를 쓰며 우는 상황을 꾹 참아 내야 한다고 부모들에게 항상 말한다. 사람들이 빤히 쳐다보는 이런 상황에서 정신적으로 충격을 받는 쪽은 실제로 부모들인 경우가 많다. 심지어 부모들은 아이들의 요구를 거절한 뒤에 후회하거나 죄책감을 느끼기도 한다.

내 친구 폴라의 예를 들어 보자. 딸 샐리가 세 살이었을 때 사촌 결혼식에서 입을 드레스를 사려고 쇼핑을 나갔다.

"한 가게에 들어갔는데 속치마가 예쁘게 달린 고급 리넨 소재의 분홍색 공주 옷이 딸아이 마음에 들었나 봐요."

폴라는 당시의 일을 떠올리며 이렇게 말했다.

"게다가 진주 브로치까지 달려 있었는데, 아이가 그 옷에서 손을 떼지 못하더군요. 가격이 15만 원 가까이 되었어요! 내가 안 된다고 하자 아이가 울면서 떼를 쓰더군요. 너무 창피해서 아이를 들쳐 업고 나와야 했죠."

아이가 우는 모습을 보고 죄책감을 느낀 폴라는 2주 후에 결국 샐리에게 그 옷을 생일 선물로 사 주었다.

"딸아이는 '우리 엄마가 제정신이 아닌 것 같다'라는 표정으로 나를 쳐다보더군요. 그 옷을 기억하지도 못했고 별로 신경 쓰지도 않더라고요. 그즈음에 딸아이는 2만 원쯤 하는 작은 플라스틱 말인형 세트에 정신이 팔려 있었어요. 그때 깨달았죠. 원칙을 고수하자. 힘든 것도 한순간이다."

만약 아이가 슈퍼마켓 복도에 주저앉아 초콜릿 과자를 사 달라고 울며 떼를 쓰는 경향이 있거든 집을 나서기 전에 확실한 방책을 마련해 두는 것이 좋다. 아이가 구매 유혹을 잘 이겨 낼 수 있도록 돕는 방법을 알고 싶다면 87쪽 글을 참고하기 바란다.

떼쓰기를 줄이려면 영상 시청을 줄여라

텔레비전은 광고주들이 아이들에게 물건을 팔기 위해 이용하는 가장 큰 도구였고, 지금도 영향력이 막강하다. 게다가 요즘에는 태블릿과 휴대전화의 광고 노출도를 높여 가고 있다. 이들 매체에서 텔레비전 프로그램을 보거나 게임을 하는 천진난만한 아이들의 코앞에서 각종 광고가 펼쳐진다. 이런 광고들은 특히 아이들의 눈길을 사로잡는다. 재미있는 애니메이션 기능을 포함하여 마치 게임처럼 위장하고 있기 때문이다. 마케터들은 아이들로 하여금 그들의 부모를 괴롭히게 하는 것이 상품을 팔리게 하는 비법임을 알고 있다. 한 마케팅 보고서에서는 이를 일컬어 '떼쓰기 요인 Nag Factor'이라고 명명했다. 그도 그럴 것이 부모들을 대상으로 쇼핑 중에 나타나는 아이들의 행동을 조사한 연구에 따르면, 「스폰지밥 네모 바지」나 「모험 소녀 도라」 같은 애니메이션 캐릭터를 알아보는 아이들이 그렇지 않은 아이들보다 캐릭터 포장지 상품을 사 달라고 부모한테 조를 가능성이 훨씬 크게 나타났다.

미국 소아과학회가 2세 미만 아이들에게 동영상을 절대 보여 주지 말라고 권하는 것도 당연하다. 아이가 울 때 주의를 돌리려고 휴대전화를 보여 주는 행위도 마찬가지이며 당연히 아이의 방에 텔레비전을 둬서도 안 된다. 그리고 부모 역시 하루 종일 텔레비전 앞에 앉아 재방송되는 드라마를 보고 있으면 안 된다. 최근에 아이들의 텔레비전 시청 시간에 영향을 주는 요소를 조사한 결과에 따르면 가족이 정한 시청 시간 또는 아이들 방에 있는 텔레비전보다도 부모가 텔레비전을 시청한 시간이 훨씬 상관관계가 높다는 사실이 밝혀졌다.

초등학생

8yrs old

초등학생이 되면 마케팅과 더불어 또래집단의 영향을 강하게 받는다. 부모가 할 일은 다음과 같은 지침을 지켜 초등학생 자녀가 그런 것들에 휘둘리지 않도록 돕는 것이다.

입장을 쉽게 바꾸지 말라

장난감이든 사탕이든 또는 게임기든 사 주지 않겠다고 말했는데도 아이가 끈질기게 조르는 것을 못 견뎌 사 준다면, '간헐적 강화' 현상을 초래해 떼쓰기가 오히려 심해진다. 이 책임은 부모에게 있다. 부모가 자판기 노릇을 자처한 셈이다. 이 경우 아이는 '떼쓰기'를 지속하면 결국(적어도 이따금) 보상을 받을 것으로 생각해 원하는 것을 손에 넣을 때까지 떼쓰기를 멈추지 않는다. 그런 까닭에 절대로 허락하지 않을 일에만 안 된다고 말하는 것이 중요하다. 그리고 일단 안 된다고 했으면 마음을 바꿔서는 안 된다. 아이가 처음에는 몹시 울겠지만, 장기적으로는 아이가 원하는 것을 손에 넣기 위해 떼를 쓰는 수고를 하지 않도록 돕는 길이다. 떼를 써도 소용이 없다는 것을 알게 되면, 먹고 싶은 사탕이 눈에 띄어도 그것을 손에 넣기 위해 온갖 연기를 펼칠 가능성은 줄어든다. 또한 순간적인 욕망이나 기분에 따라 반응하기보다는 계획적인 소비를 하며 결정을 내리는 법을 배우게 된다.

항상 가격을 확인하라

샘과 열한 살배기 아들 제이슨의 이야기다. 샘은 아들에게 집 근처 슈퍼에 가서 식료품을 몇 개 사 오라고 심부름을 시키면서 물건을 사는 데 필요한 만큼의 현금을 손에 쥐어 주었다. 얼마 되지 않아 계산대 앞에서 당황한 아들의 전화가 걸려 왔다.

"돈이 모자라요. 어떡해요?"

제이슨은 아빠에게 쇼핑 카트에 담은 물건명과 가격을 줄줄이 열거했다. 가격 초과의 범인은 유럽산 고급 치즈였다. 샘이 평소에 사던 평범한 치즈보다 훨씬 비싼 물건으로 가격이 1만 원이 넘었다. 제이슨은 이날 힘들게 깨달은 게 있다. 물건을 계산하기 전에 가격을 확인해야 한다는 것이다. 어른들은 대체로 쇼핑 카트에 물건을 담기 전에 가격을 확인하는 일의 중요성을 잘 알고 있지만, 태어날 때부터 그런 습관이 들었을 리가 없지 않은가? 아이들도 따로 배워야 한다. 최종적으로 계산한 값이 금전등록기에 보이는 금액과 일치하는지 확인하는 것을 내 아버지는 '사실 확인'이라고 하셨는데, 이것을 아이들에게 가르치기에 적절한 때가 초등학생 시기다. 쇼핑 카트에 든 물건들이 대충 2만 원일 것이라는 셈이 나왔는데, 금전등록기에 2만 9000원이 찍혔다면 가게를 떠나기 전에 영수증을 확인할 필요가 있다.

영수증을 보관하고 환불 정책을 확인하자

이 역시 어른들에게는 기초 중의 기초일 테지만, 평소에 물건이 망가지면 '그러는가 보다' 하고 생각했던 아이에게는 생전 들어 보지 못한 이야기일 수 있다. 따라서 부모는 일찌감치 아이에게 이렇게 습관을 들여 주자. 값나가는 물건을 산 뒤에는 영수증을 챙겨 한동안(적어도 보증기간 동안) 보관하고, 상점 직원에게는 환불 규정을 확인하도록 한다. 만약 온라인에서 물건을 산다면, 환불할 때 반송 택배비나 수수료를 지불해야 하는지도 확인한다. 현금으로 환불해 주는지, 아니면 매장에서 쓸 수 있는 포인트로 돌려주는지, 아니면 다른 물건으로 교환하는 것만 가능한지 물어보도록 한다. 영수증 지참 여부와 환불 규정 기간에 대해서도 알아봐야 한다. 대형 백화점 매장에서는 환불할 때 고객의 편의를 봐주어 영수증을 지참하지 않거나 상품 가격표를 제거했어도 고객서비스센터에서는 일단 그 물건을 새 상품으로 가정하고 환불해 주기도 한다. 따라서 대형 매장 상품이라면 한 번쯤 시도해 보는 것도 좋다.

아이가 스스로 선택하도록 하자

아이들이 초등학교를 다니는 동안은 같은 반 친구들이 무슨 생각을 하고, 무엇을 입고, 무엇을 구매하는지가 무척 중요하다. 내가 아는 학부모 중에 행크의 이야기를 해 보자. 학창 시절 행크는 할인 매장에서 산 싸구려 스니커즈를 신었는데, 아이들 앞에서 그게 부끄러웠다고 한다. 행크에게는 아들이 있는데, 열한 살이 되고부터는 부쩍 멋진 스니커즈를 갖고 싶어 했다. 그때마다 행크의 마음은 찢어졌다. 본인도 그런 것으로 인해 아이들과 어울리지 못하는 아픔을 알기 때문이었다. 하지만 그는 또래 친구들과 어울리려면 비싼 물건을 사야 한다는 생각을 아들에게 심어 주고 싶지 않았다. 행크는 아들에게 스포츠 매장에서 쓸 수 있는 카드형 상품권을 주기로 했다. 그리고 아들이 스스로 결정하게 했다. 그 돈을 값비싼 스니커즈를 사는 데 전부 쓰든지 아니면 중저가 신발을 사고 남은 돈으로 농구공도 살지 선택하는 일은 순전히 아들의 몫이었다. 그의 아들은 결국 후자를 선택했다. "아들은 비싸고 멋진 신발을 신어야 한다는 또래집단의 압력을 이겨 냈어요. 저렴한 신발을 사면 다른 물건을 살 수 있는 여윳돈이 생긴다는 것을 깨달은 거죠"라고 행크는 말했다.

아이에게 구매 기준에 관해 설명하라

부모가 아주 부자인 줄로 아이가 착각할까 봐 텔레비전이나 자동차 같은 값비싼 물건의 가격을 숨기려는 부모들이 있다. 그러지 말고 물건을 구매하는 과정을 아이에게 보여 주도록 하자. 부모가 구매 결정을 내리는 과정을 아이가 관찰하게 하고, 나아가 의견을 내도록 참여시키는 것도 좋다. "우리는 SUV 대신 미니밴을 선택할 거야. 왜냐하면 사람도 더 많이 탈 수 있고 연비도 더 좋고, 그러면 지구 환경을 지키는 데도 더 도움이 되기 때문이야"라고 설명하면 강렬한 학습 효과를 남길 수 있다.

부모가 구매를 결정하는 일상의 순간들을 활용해 가족의 우선순위와 가치관이 어떻게 소비 결정에 반영되는지 아이들에게 설명하자. 다음번에는 초등학생 자녀와 함께 쇼핑하면서 구입하려는 물건을 종류별로 보여 주고 가격이 어떻게 차이가 나는지 설명해 보자. 그리고 부모가 그 물건을 선택한 기준을 자녀에게 말하자. 이를테면, 당신이 요구르트는 노브랜드 제품을 선택하지만 가족이 함께 쓰는 목욕 비누에는 돈을 아끼지 않는다면, 그 이유를 아이에게 충분히 설명해 주자.

가족 예산을 아이와 함께 고민하자

내 친구 조이스는 어렸을 때 어떻게 소비의 우선순위를 정하는 법을 배웠는지 지금도 생생하게 기억한다. 조이스가 열 살 때 자전거를 몹시 갖고 싶어 했다. 그러자 조이스의 아버지는 종이 위에 원그래프를 그리고는 가진 돈 중에 식비나 집세 등 필수품 항목에 쓰이는 돈이 얼마인지, 또 그들을 보호하기 위한 보험비가 얼마인지, 자동차 유류비 등이 얼마인지 구분해 보여 주었다. 아무리 봐도 가족 여행과 자전거 구입 둘 모두를 할 수는 없어 보였다. 조이스의 아버지는 가족 여행에 돈을 쓸 것인지 아니면 가족용 자전거를 구입하는 데 돈을 쓸 것인지 엄마와 아빠가 결정을 내리기 힘드니 딸에게 도와달라고 부탁했다. 사안에 따라 다르겠지만 돈을 지출하는 문제로 선택의 기로에 있을 때 자녀와 함께 결정을 내리면서 기회비용의 개념을 알려 주자. 그리고 자녀에게도 의견을 낼 기회를 주자.

아이가 소비자 불만족 사례에 대처할 수 있게 하자

다프네는 어느 날 광고에서 봐 오던 메이크업 도구를 슈퍼마켓 장난감 코너에서 발견하고 여동생 생일 선물로 샀다. 다프네는 태어나서 처음으로 자기 용돈으로 다른 사람의 선물을 샀다는 것에 몹시 신이 났다. 하지만 생일파티 때 여동생이 선물 포장을 열어 보니 메이크업 도구들은 모두 플라스틱으로 만든 장난감이었다. 다프네는 멍하니 어찌할 줄을 몰랐다. 다프네의 부모는 여동생 생일 선물을 다시 사 줄 수 있도록 다프네에게 용돈을 줘서 달랠까도 싶었지만, 그 대신 영수증을 챙겨 다프네를 데리고 가게를 찾아갔다. 텔레비전 광고와 포장 박스 위에 찍힌 사진을 보고 진짜 화장품을 산 것이라고 생각했다는 다프네의 설명을 듣고, 점원은 돈을 돌려주었다.

또한 다프네의 부모는 제조사에 제품 표기에 대해 항의하는 편지를 쓰자고 제안했고, 다프네는 편지를 썼다. 항의 편지를 받은 제조사는 자회사의 장난감을 구입하는 데 쓰는 할인쿠폰을 우편으로 보냈다. 장난감 회사의 홍보에 지나지 않을 수도 있지만, 다프네는 무척 기뻐했다. 무엇보다도 아이에게 끔찍한 실망으로 남았을 사건이 가족이 두고두고 돌아볼 수 있는 추억거리로 바뀌었다는 사실이 중요하다. 결론을 내리자면, 아이가 실망하고 속상해하면 부모는 자연히 질 좋은 상품을 새로 사 주고 싶겠지만 그렇게 해서는 아이들이 지혜로운 소비자가 되는 법을 배우지 못한다는 것이다.

아이가 이용하는 온라인 사이트를 점검하라

아이에게 자신의 신상정보를 보호하는 법을 가르치는 것도 중요하지만, 아이가 부모 모르게 큰돈을 써 버리지 못하도록 본인 계좌를 보호하는 것도 중요하다. 미국의 학부모들은 게임에서 사용되는 가상 화폐를 구매하는 앱을 무료로 아이들에게 제공한 애플과 구글 등의 유명 기업을 상대로 집단소송을 제기했다. 이들 앱은 부모가 한번 비밀번호를 입력해 신용카드로 물건을 구매하면 이후 일정 시간 동안 추가 승인 절차 없이 아이들이 얼마든지 원하는 것을 구매할 수 있는 시스템을 제공했기 때문이다. 결국 아이들은 부모도 모르게 아이템을 구매했고 그 금액이 개인당 수십만 원에서 수백만 원에 이르렀다. 최근에 한 아버지는 애플로부터 700만 원의 청구서를 받았다. 알고 보니 그의 아들이 자신의 암호를 이용해 쥐라기 월드 모바일게임에서 사용되는 가상 화폐인 디노 벅스를 구매한 것이었다.

여러 휴대전화 제조사에서는 아이들이 휴대전화나 태블릿을 이용하면서 앱으로 신청한 구매를 부모가 승인 또는 제한하는 기능을 제공하고 있다. 또 자신의 계정에서 구매 관련 정보를 제거해 구매할 때마다 수동으로 입력하게 하면 부모도 모르게 아이가 추가 구매하는 사태를 막을 수 있다. 만약 이런저런 방법을 썼는데도 아이가 가상 게임을 하면서 터무니없이 많은 돈을 지출했다면, 게임 회사 등에 환불을 요구해야 한다. 따라서 자녀가 이용하는 온라인 사이트가 어디인지 알고 있어야 한다.

 중학생

14yrs old

미국에서 10대 초반의 아이들이 소비하는 돈은 연간 52조 원이 넘는다. 이 아이들이 지닌 구매력을 좋은 방향으로 이끄는 데 중요한 지침을 살펴보자.

충동구매로 구매한 물건은 자기 돈으로 지불하게 하라

아이가 어떤 물건을 진짜로 간절히 원하는지 가늠할 수 있는 방법이 있다. 만약 아이를 데리고 가게에 갔는데 아이가 갑자기 껌을 한 통 원한다거나 티셔츠를 사고 싶어 한다고 하자. 그러면 곧바로 안 된다고 하지 말고 아이에게 돈을 빌려주겠다고 제안하며 이렇게 말하자.

"집에 돌아가면 엄마한테 꼭 갚아야 해, 알겠지?"

그러면 몇 분 전만 해도 그 물건이 없으면 죽을 것처럼 굴던 아이가, 생각해 보니 별로 필요 없을 것 같다고 말하는 모습을 꽤 자주 목격하게 될 것이다. 물론 이 방법은 아이에게 자기 돈이 있어야 통하는 전술이다. 아이가 용돈을 받고 있고 돈을 저축하고 있다면 분명 자기 돈이 있어야 한다. 만약 아이가 저축하고 있지 않다면, 저축 교육에 대해서는 3장을 참고하기 바란다. 그리고 이 사실을 잊지 말자. 만약 자녀에게 돈을 빌려주었다면, 집에 돌아가는 즉시 잊지 말고 돈을 돌려받아야 한다.

가격대가 높은 물건을 사기 전에는 발품과 손품을 팔자

1만 원짜리 휴대전화 충전기의 장단점을 알아내려고 몇 시간씩 소비할 필요는 없다. 해당 제품이 본인의 휴대전화와 호환이 되는지만 확인하면 그만이다. 하지만 값비싼 물건, 이를테면 신형 블루투스 스피커나 망원경을 구입할 경우에는 시간을 들여 알아볼 가치가 있다. 중학생 자녀에게 마케팅의 산물(텔레비전 드라마나 영화 등에 등장하는 상품, 텔레비전 광고, 잡지와 신문의 지면광고)과 독자적인 상품 후기(해당 상품이나 서비스로 이익을 취하지 않는 사람이 올린 상

품이나 서비스에 대한 의견)를 분별하는 법을 가르치자. 아이에게 《컨
슈머 리포트》(미국의 비영리기관인 소비자협회에서 발간하는 월간지-옮긴
이)처럼 공신력 있는 정보나 해당 기업에서 돈을 받지 않는 전문가
나 언론인이 작성한 후기를 찾아보라고 이야기하자. 해당 브랜드
의 웹사이트는 홍보를 목적으로 과장한 경우가 많아 신뢰하기 어
렵다.

인터넷에 상품 후기를 올리는 일반인도 많다. 아이와 함께 웹사
이트를 방문해 아이가 실제로 사용하는 장난감에 대한 사용 후기
를 일부 훑어보자. 사용자들이 지적한 사항들이 적절한가? 그들의
평점과 의견이 아이가 장난감을 갖고 놀며 직접 경험한 사실을 반
영하고 있는가? 후기를 읽다 보면 아이도 곧 모든 후기가 신뢰할
만한 것은 아님을 알게 된다. 이런 까닭에 전문가 평점과 일반 소
비자들의 평점을 비교하며 확인하는 작업이 중요하다.

자녀가 SNS 속 광고를 구분하도록 하라

만약 자녀가 인스타그램, 스냅챗 등 소셜미디어 플랫폼에서 유
명 연예인이나 운동선수를 팔로우하고 있다면, 모두가 그런 건 아
니지만 유명인이 특정 상품을 참 좋아한다고 몇 마디 언급하는 것
만으로도 수백만 원을 번다는 사실을 자녀에게 알려 주기 바란다.
미국 연방거래위원회는 유명인들이 돈을 받고 소셜미디어에 어떤
상품을 노출하면 광고라고 표시하도록 경고하고 있지만, 아이들
은(심지어 성인들까지도) 그들이 업체로부터 돈을 받고 특정 상품의

홍보 글을 게시한다는 사실을 잘 모를 때가 많다.

게다가 유명 회사들은 아이들이 자발적으로 기업을 위한 마케터가 되게 하는 데 성공했다. 열네 살 아들을 둔 친구가 있는데 그 아이의 인스타그램 팔로워 수는 수백 명에 달한다. 친구 아들은 자신이 만든 스니커즈 디자인을 유명 신발 브랜드 웹사이트에 올렸고, 그 아이의 팔로워들은 '좋아요'를 누르고 댓글을 달았다. 아이들이 소셜미디어에서 자기도 모르는 사이에 마케팅 캠페인을 벌이고 있는 것은 아닌지 부모가 확인하는 게 좋다. 만약 그렇다면, 사실은 그가 돈도 받지 않고 해당 제조사의 영업 직원 일을 하고 있다는 사실을 지적하자. 오늘날엔 많은 아이가 이 사실을 알고, 또 심지어 기꺼이 특정 브랜드의 친선 대사 역할을 자청하기도 하지만 한 번쯤 깊이 생각해 볼 주제임에는 틀림없다.

브랜드에 목숨 걸지 말라

1980년대에는 조다쉬였고, 오늘날에는 조스진으로 바뀌었을 뿐 중학생들은 예나 지금이나 브랜드에 집착한다. 중학생 아이들에게 브랜드를 포기하라고 말하기는 쉽지 않다. 내가 아는 학부모가 기발한 방법으로 자기 아들을 설득한 이야기가 기억난다. 그 엄마는 캐주얼 브랜드인 아메리칸 이글 아웃피터스에서 여름에 반바지를 대폭 할인한다는 정보를 듣고, 당시 열두 살이었던 아들 톰에게 그가 좋아하는 밝은 색상으로 반바지 한 벌을 사 주었다. 그러나 아들은 쇼핑백에 새겨진 로고를 보자마자 친구들 중에 아메리칸 이글을 입는 애는 아무도 없다며 그 브랜드는 딱 질색이라고 말했다. 게다가 자기한테 잘 맞지도 않고 멋지지도 않다고 혹평했다.

그 엄마는 할 수 없이 다른 브랜드 매장으로 반바지를 보러 다녔지만 가격이 터무니없이 비싼 것을 확인하고 다시 아메리칸 이글 매장에 들어갔다. 그러고는 처음에 샀던 반바지와 색상만 조금 다른 것으로 골라 구입하고, 해당 브랜드임을 나타내는 모든 상표를 제거하고 나서 반바지를 다른 브랜드 가방에 담았다. 그러고 나서 아들에게 건넸더니 아들은 그 옷을 좋아했다.

"내가 사실을 말하자 아들은 처음에는 충격을 받아 멍하니 있더니 이내 웃음을 터뜨리더군요. 그 애는 여름 내내 그 옷을 신나게 입고 다녔어요."

만약 중학생 자녀가 예산을 훌쩍 뛰어넘는 유명 브랜드 상품에 대한 열망을 갖고 있다면, 이런 식으로 특별한 선물을 제공하거나 아니면 자기 돈으로 구입하게 하자.

그만한 가치가 있는 물건에만 돈을 더 지불하라

몇 해 전에 일반인을 대상으로 와인 시식 실험을 실시한 적이 있다. 참가자들에게 몇 가지 와인 샘플을 제공하며 여기에는 저렴한 와인부터 비싼 와인까지 다양한 종류가 있다고 말했다. 하지만 1만 원짜리 가격표가 붙은 와인이나 10만 원짜리 가격표가 붙은 와인이나 실제로는 똑같은 제품이었다. 그런데 흥미롭게도 참가자들은 일관되게 더 높은 가격표가 붙어 있는 와인 맛이 더 좋다고 평가했다. 10대 초반 자녀에게 이런 실험을 할 수는 없지만 샴푸나 아이스크림 등으로 이와 유사한 테스트를 해 보자. 아이에게 하나의 제품으로 두 가지 표본을 만들어 제공하되 가격표를 달리해 어느 상품이 더 좋은지 물어보자. 이때 아이는 물건값에 따라 자신의 선호도가 달라진다는 사실을 경험한다.

내 친구 케이티의 아들이 열한 살일 때 20만 원이나 하는 가죽 재킷을 사달라고 한 적이 있다. 한창 자랄 때라 일 년도 안 되어 못 입을 옷을 그렇게 비싸게 주고 살 수는 없었기에 케이티는 안 된다고 했다. 그러던 중에 인터넷에서 그 옷과 비슷한 모양의 재킷을 훨씬 싼 가격에 파는 것을 발견했다. 케이티는 아들에게 대안을 제시했고, 아들은 4만 원짜리 가죽 재킷을 얻게 되어 무척 기뻐했다.

그만한 가치가 있으니 돈을 더 주고서라도 사야 하는 경우도 있다. 개인에 따라 다르겠지만 그것은 일반 슈퍼에서 파는 빵보다 더 건강하고 맛있는 통밀빵이 될 수도 있고, 향후 20년간 써도 멀쩡할 고급 식도 세트일 수도 있다(이 경우에는 초기 비용이 높아도 장기적으로는 돈을 절약하게 된다). 이것은 가치를 평가해 값을 매기는 작업이다. 중학생 자녀의 경우 가전제품에 대한 소비자 평점에 관심이 없을지도 모르지만, 구매 기회가 생기면 자녀와 함께 이런 주제로 대화를 나누도록 하자. 아니면 자녀와 함께 매장에 가서 판매원과 나누는 대화를 듣게 하는 것도 좋다. 사전조사를 한 부모가 판매원의 상술을 간파하는 모습은 물론이고, 제품의 품질과 비용을 근거로 제품의 가치를 어떻게 평가하고 또 어떤 제품을 선택하는지 지켜보게 하자.

레스토랑에서 똑똑하게 주문하는 법을 가르치자

외식하면 집에서 요리해 먹는 것보다 훨씬 많은 비용이 들지만 외식은 오늘날 많은 가정에서 즐기는 여흥에 속한다. 중학생 자녀에게는 식당 메뉴판의 속임수에 넘어가지 않는 법부터 가르치자. 소비자들은 똑같은 음식이라도 '치즈케이크'와 같이 짧고 간단하게 이름을 붙인 요리보다 '악마의 초콜릿 소스를 곁들인 뉴욕 스타일의 치즈케이크'와 같이 화려하게 이름을 붙인 요리를 주문할 가능성이 더 높고, 그 음식에 기꺼이 10퍼센트 이상의 돈을 더 지불한다.

메뉴판 위쪽에 터무니없이 비싼 요리가 적혀 있는 이유는 그 아래 적힌 요리가 우리 예상보다 비싸도 상대적으로 저렴하게 보이게 만들려는 술수일지도 모른다. 또 최근 유명 패밀리 레스토랑에서 도입하고 있는 태블릿 주문 시스템을 쓰는 경우, 직원에게 주문하는 경우보다 애피타이저는 20퍼센트, 디저트는 30퍼센트 더 많이 주문하는 것으로 나타났다. 비대면으로 주문하면 직원 눈치를 보지 않고 마음 편하게 음식을 탐할 수 있기 때문이 아닐까 싶다.

고등학생

17yrs old

미시간대학교의 연구에 따르면 10대 초반 아이들은 아르바이트로 번 돈을 대부분 옷과 음악, 영화, 외식, 자동차 등 개인 경비로 지출하고, 충격적이게도 미래의 교육을 준비하는 저축에는 거의 돈을 쓰지 않는다. 고등학생 자녀가 소비의 우선순위를 재조정하도록 돕기 위한 몇 가지 지침을 살펴보자.

실수를 통해 배울 기회를 제공하라

부모와 논의하고 나서도 아들이 끝까지 유명 디자이너 브랜드의 선글라스를 사는 데 6개월 동안 저축한 돈을 모두 쓰겠다고 고집한다면, 기분 좋게 그렇게 하도록 놔두라. 하지만 그로 인한 결과도 자녀가 감내하도록 하자. 나중에 영화가 됐든 콘서트가 됐든 친구들과 함께 가고 싶어도 가지 못하는 상황이 발생하면, 잘못을 자꾸 들출 필요는 없지만 앞서 자신이 내린 선택의 결과를 되새기는 시간은 필요하다. 하나를 선택함으로써 포기해야 하는 것들이 무엇인지 고려할 줄도 알아야 한다. 물론, 부모가 자녀의 개인 경비를 지불하는 경우라면 부모가 판단하기에 적절하지 않은 소비는 당연히 거부할 특권이 있다. 만약 고민하는 동안 아이가 최신형 휴대전화를 새로 사거나 부모가 허락하지 않은 동호회에 가서 밤늦게까지 놀다 오는 데 그 비용을 자기 돈으로 부담하겠다고 하면 자녀에게 단호하고 당당하게 안 된다고 말하고 그 원칙을 고수하라.

자신이 좋아하는 게 맞는지 자문하라

물건을 사기 전에 항상 내가 던지는 질문이자 내 아이들에게도 던지게 한 질문은 "내가 진짜 좋아하는 게 맞을까?"이다. 어머니는 내가 어렸을 때부터 이 원칙을 가르치셨다. 사람들은 누구나 충동적으로 옷가지와 물품을 구매하고 나서 쓰지도 않고 옷장에 처박아 둔 경험이 있다. 아이들뿐 아니라 어른들 또한 쇼핑몰에 전시된 상품에 너무나 쉽게 홀리곤 한다. 10대 자녀에게 '24시간 보류 원칙'을 가르치라. 즉, 중요한 물건을 구매할 때는 하루 동안 숙고하라는 이야기다. 만약 고민하는 동안 마음에 드는 옷이 팔릴까 봐 자녀가 걱정한다면, 다음 날 구매할 수 있다고 미리 이야기해 놓으면 이튿날까지 판매를 보류하는 매장이 많다고 안심시켜 주자. 하루 동안 숙고할 시간을 두면 그 시간에 인터넷으로 검색하여 같은 물건을 더 저렴하게 찾을 수도 있다. 또 구매를 보류하게 되면 아이들은 대체로 집에 돌아가 옷장을 열어서 자신이 가지고 있는 옷과 사려는 옷이 어울리는지 점검하는 시간도 벌게 된다. 그러다가 이미 비슷한 옷이 집에 있다는 사실을 깨닫기도 한다.

흥정으로 큰돈을 아낄 수 있다

소비자가 합리적이고 정중하게 부탁하면 기꺼이 물건값을 깎아 주는 판매자가 의외로 적지 않다. 한 친구는 호텔에 갔다가 큰 기대 없이 부탁해 봤는데 덕분에 반나절 가격에 묵을 수 있었다고 했다. 그러니 정중하게 부탁해 보자. 벼룩시장의 판매자들은 고객과의 흥정을 염두에 두고 가격을 미리 올리기도 한다는 사실을 아이들에게 귀띔해 줘야 한다. 흥정에는 전략이 필요하다. 아이는 값싼 물건을 보면 "이거 마음에 들어요! 얼마예요?"라고 일찌감치 자기 패를 보여 주기 일쑤다. 판매상 앞에서는 속마음을 들키지 말고 다른 물건들도 둘러보며 몇 가지 질문을 던지라고 알려 주자. 자신이 원하는 물건을 더 싼 가격에 획득하면 특별한 재미를 느끼게 된다. 당연히 흥정에도 적정선이 있다. 판매자와는 정중한 태도로 흥정하되, 특히 소규모 벼룩시장과 바자회에서 일하는 판매자들은 그 수익으로 생계를 꾸린다는 사실을 아이에게 상기시키자.

행복은 비싸지 않다

브리티시컬럼비아대학교 심리학 교수 엘리자베스 던Elizabeth Dunn과 하버드경영대학원 마이클 노튼Michael Norton이 그들의 공저 『당신이 지갑을 열기 전에 알아야 할 것들Happy Money: The Science of Happier Spending』에서 발표한 연구 결과에 따르면, 사람들은 일 년에 한두 번 자신을 위해 큰돈을 쓰는 것보다 소소한 것들을 자주 구입할 때 만족도가 더 높은 편이다. 고급 자동차나 대형 텔레비전이 아무리 대단해도 그것을 소유한 짜릿함은 얼마 안 되어 사라진다. 이를 심리학 용어로 '쾌락 적응'이라고 한다.

따라서 고등학생 자녀가 고가의 물건 하나를 구입하는 데 저축한 돈을 모두 써 버리기 전에 아이가 같은 돈을 가지고 얻을 수 있는 모든 소소한 것들에 대해 생각해 보도록 독려하자. 예를 들어 자녀가 100만 원짜리 고급 드럼 세트를 사려고 돈을 모으고 있다면, 그 가격의 3분의 1만 써서 입문자용 드럼 세트를 중고로 구입하고 남은 돈은 드럼 강습비로 쓰도록 제안해 보자.

　　가족 예산을 배분하는 문제에도 동일한 원칙이 적용된다. 봄방학에 일주일 동안 플로리다 여행을 떠나는 대신 서너 차례 주말 캠핑을 떠나면 1년 동안 행복을 여러 번 느낄 수 있다. 쾌락 적응에 맞서기 위한 또 다른 방법은 탐닉을 경계하는 것이다. 늘 새 옷을 사 입고 언제나 고급 레스토랑에서 외식을 하게 되면, 금세 거기에 적응해서 이따금 새 옷을 사 입고 때때로 고급 레스토랑에서 외식할 때만큼 행복감을 느끼지 못한다.

 대학생　　　　　　　　　　　　*20yrs old*

　　요즘 대학생들은 파산이라는 현실을 기정사실로 받아들인다. 과장이 아니다. 학비, 월세, 교재비를 제외한 항목은 모두 사치다. 대학생 자녀에게 이런 현실을 맞이할 마음의 준비를 시켜야 한다.

소비문화의 다양성을 인정하라

미도우라는 한 여성이 들려준 경험담이다. 미도우는 대학에 다닐 때 친구들 몇 명과 같이 살았는데 한 친구가 식비를 똑같이 분담하기를 거부했다고 한다. 자신은 다른 동기들처럼 우유와 연어를 먹지 않으니 그 비용을 지불하고 싶지 않다는 것이었다. 당시에는 그 친구에게 짜증이 났지만 돌이켜 보니 예산이 부족해 한 푼이라도 아껴서 생활하려는 의도임을 이해할 수 있었다고 한다.

대학에서 만나게 될 다양한 친구들에게는 저마다의 사정이 있음을 자녀에게 미리 알려 줄 필요가 있다. 대학에 가면 자기보다 훨씬 집안 형편이 좋은 친구가 있는가 하면 놀라울 정도로 형편이 어려운 친구도 있음을 알려 줘야 한다. 예를 들면 한 친구는 기숙사비도 겨우 지불하는 형편인데 또 한 친구는 봄방학 때 바하마로 호화로운 여행을 떠날 수도 있고, 한 친구는 토요일 저녁에 외식하러 나가고 싶어 하고 또 한 친구는 기숙사에서 정해진 메뉴만 먹어야 하는 형편일 수도 있다.

만약 형편이 여의치 않아 지출할 수 없는 품목이 있다면 기숙사 동기들에게 솔직하게 털어놓으라고 조언하자. 다시 말해, 친구들이 외식하러 나갈 때 혼자 남는 선택을 하거나 친구들이 외출할 때 기숙사 방에서 노트북으로 영화를 감상하는 것처럼 저렴한 대안을 선택해야 할 때도 있다. 반면 재정적으로 넉넉하다면, 당신의 자녀가 친구들을 위해 매번 계산을 도맡아 하지 않도록 해야 한다. 지나친 소비일 뿐만 아니라 계속될 경우에는 서로 어색한 관계가 될 수 있다. 이 경우 친구들도 당신의 자녀를 친구로 여기는 게 아니라 현금인출기로 여기게 될 것이다.

필요한 물품을 미리 준비해 돈을 절약하라

캠퍼스 안이나 인근에 있는 상점에서 파는 선풍기는 집 근처에 있는 대형 할인 매장보다 가격이 비싸기 마련이다. 대학 신입생 자녀를 두고 있다면 입학하기 전에 필요한 물품을 함께 쇼핑하면서 계획적인 지출로 돈을 절약하는 방법을 가르치기에 더없이 좋다. 코앞에 닥쳐서 물품을 구입할 경우에는 십중팔구 비용을 더 지출하게 된다. 만약 자녀가 기숙사에서 지낼 예정이라면, 학교 기숙사 웹사이트에 들어가 필요한 물품 목록을 확인하고, 커피메이커나 조리기구 등 반입을 금지하는 가전제품 목록도 미리 확인하도록 해야 한다. 학교 측에 허용 여부를 확인하지도 않고 미래의 룸메이트들과 누가 소형 냉장고를 들어올지를 논의하고 있을지도 모른다. 노트북은 당연히 필요하겠지만, 고급 오디오 시스템은 사지 않도록 조언하자.

휴대전화 요금제를 똑똑하게 선택하라

대다수 10대는 청소년 휴대전화 요금제에 등록되어 있을 테지만, 대학생이 되면 모두에게 최선의 선택이 무엇인지 다시 살펴봐야 한다. 통신사별로 인터넷 사이트를 돌아다니며 여러 요금제의 데이터, 시간, 문자 등의 가격 조건을 비교하자. 요금제에서 돈을 먹는 하마는 데이터 사용량이다. 그러니 자녀가 데이터를 얼마나 많이 사용하는지 알려 줘야 한다. 만약 다른 식구들보다 데이터 사용량이 훨씬 많다면, 데이터 사용량을 줄일 방법을 고민하든지 직접 사용료를 더 내라고 하자.

사회 초년생

24yrs old

당신의 자녀가 내린 소비 결정은 현재의 생활양식은 물론, 미래의 생활양식에도 영향을 미치게 된다. 이제 사회생활을 시작한 자녀는 자신이 지출하는 품목에 대해 부모에게 잔소리를 듣고 싶어 하지 않는다. 사회 초년생 자녀에게 소비 교육을 할 때 유용한 몇 가지 지침을 살펴보자.

어른 행세를 하려고 물건을 구입하지 말라

내 친구의 딸은 첫 번째 직장 면접을 앞두고 20만 원짜리 가죽 가방, 30만 원짜리 정장, 그리고 20만 원짜리 검정 구두를 신용카드로 구입했다. 그렇게 입어야 면접에 붙을 것처럼 느꼈기 때문이다. 다행히 취업에는 성공했는데, 사무실 분위기가 자유로운 편이어서 그때 산 물건들은 안타깝게도 모두 옷장에 처박혀 있다고 한다. 대학생 때 입던 옷과 백팩이면 충분했던 것이다. 또 다른 친구의 아들은 졸업 후 연봉 4000만 원을 받게 되자 기분이 들떠 냉큼

방 두 개 짜리 아파트 월세를 얻었다. 몇 개월 후에 그 아들은 주인에게 원룸을 얻어야겠다며 월세 계약을 해지해 달라고 부탁했다. 자동차 유류비, 공과금, 식료품비 등을 지불하느라 월세를 내기도 벅찬 형편이었던 것이다.

핵심은 처음에는 작게 시작하라는 것이다. 20대 청년들에게 모든 것을 포기하고 지내라는 말이 아니다. 부족하면 부족한 대로 적응할 수 있는 힘이 젊음의 특권임을 잊지 말라는 것이다. 부모들이 나이 들어 지난 시절을 웃으며 돌아보듯이, 당신의 자녀도 낡아빠진 프라이팬으로 요리하고 허름한 의자를 재활용해 쓰던 시절을 유쾌하게 돌아볼 날이 올 것이다.

여행도 형편에 맞춰 가라

몇 년 전에 아버지와 나는 한 대학에서 함께 강연했다. 아버지가 결혼하고 25년이 되어서야 아내와 유럽 여행을 다녀왔다고 하자(그 전까지는 여행을 다닐 형편이 안 되었기 때문에) 관중석에서 일제히 안타까워하는 소리가 터져 나왔다. 독자 여러분도 은혼식이 오기 전까지 유럽 여행을 떠나지 말라는 소리가 아니다. 연구 결과에 따르면 실제로 사람들은 물질을 소유할 때보다는 경험에 돈을 쓸 때 만족도가 훨씬 높다. 젊을 때 떠나는 여행은 귀중한 자산이 되기도 한다. 그러나 형편이 안 되는데도 멕시코 칸쿤 해변 등으로 여행을 떠나려고 신용카드를 긁는 것은 나쁜 선택이다. 자신의 지불 능력 이상으로 항공권, 호텔 숙박비, 외식비를 쓴다면 몇 달 또는 심지어 몇 년씩 신용카드 대금을 갚느라 적지 않은 이자를 물게 된다.

자녀가 여행을 떠나고 싶어 한다면, 창의적인 계획을 세우라고 조언하자. 내 친구의 딸인 에이미의 이야기다. 에이미는 오페어(외국 가정에서 일정 시간 아이들을 돌봐주는 대가로 숙식과 급여를 받고 자유 시간에 어학 공부를 하며 문화를 배우는 문화교류 프로그램-옮긴이) 웹사이트에 프로필을 올렸고, 2개 국어를 구사하는 포르투갈 가정과 연결되었다. 그들은 2주간 방학 기간을 맞아 보모가 필요했다. 에이미는 아이들을 돌봐주는 대신 숙박을 해결하고 약간의 급여를 받으며 아침과 저녁, 주말에는 자유 시간을 얻어 관광을 즐길 수 있었다. 그녀가 지불해야 하는 비용은 항공권뿐이었다. 이 항공권도 할인 여행 웹사이트에서 구했다. 에이미는 여행에 지출한 경비만큼 돈을 벌어서 돌아왔으며, 포르투갈어 실력도 향상되었다.

검소한 식도락가가 되어라

내 친구가 자기 조카와 조카의 남자 친구를 만났을 때의 일이다. 두 사람이 추천한 레스토랑에서 함께 만나 저녁을 먹었는데, 두 사람은 별생각 없이 애피타이저로 푸아그라를 시키고 고급 와인을 두 병 주문했다. 웨이터와도 친분이 있는지 이름도 알고 있었고, 그날 굴을 어디서 잡은 것인지도 물었다. 내 친구가 언니(그 조카의 어머니)에게 들은 바로는 두 사람이 평소에 생활비가 부족하다고 투정 부린다고 했던 터라 그들의 씀씀이에 적잖이 놀랐다.

두 사람의 입맛과 지갑 두께 사이에는 크나큰 괴리가 있기 때문이었다.

사회 초년생들이 수입과 지출의 균형을 맞추는 데 어려움을 느끼는 것은 어쩌면 당연하다. 하지만 자녀가 상당한 연봉을 벌고 있음에도 매달 월세를 낼 때마다 허둥지둥한다면, 외식비가 범인일 수 있다. 그런 경우에는 식료품 구입비와 레스토랑 영수증을 점검하라고 일러 두자. 장인이 만든 고급 치즈나 와인을 부모 본인이 즐기지 않는다고 해서, 소량 생산한 고급 위스키를 즐기는 자녀의 취향 자체를 무시하고 가격에 대해 설교를 늘어놓지는 말라. 그보다는 선택할 것과 포기할 것을 제대로 선정하도록 도움을 주자. 예컨대, 기본 물품은 동네 할인 매장에서 구입하고, 고급 올리브유처럼 특히 애용하는 제품 몇 가지만 전문점에서 구입하도록 조언하자.

첫 차는 무조건 중고차를 구입하라

차를 살 나이가 되면 머리카락을 휘날리며 고속도로를 달리는 환상을 품기 마련이지 오래된 모델의 중고차 운전석에 앉은 모습을 떠올리지는 않는다. 그러나 자녀의 첫 차로 중고차를 사야만 하는 이유가 있다. 첫째, 사회 초년생의 형편으로는 중고차가 훨씬 현실적인 목표다. 새 차 가격은 평균 3000만 원 선이다. 게다가 자동차를 몰고 매장을 나서는 순간부터 가치가 떨어져 1년 뒤에는 대략 1000만 원이 감소한다. 3년 뒤에는 거의 절반가량 가치가 떨어진다. 사회 초년생 자녀의 자동차 구매에 관해서 내가 늘 하는 조언은 자동차 리스는 십중팔구 손해 보는 거래라는 것이다. 임대 관련 비용을 모두 제외하고 나면 남는 게 없다.

더욱이 요즘에는 자동차 품질도 좋아져서 잘만 관리하면 3만 킬로미터는 거뜬히 탈 수 있다. 자녀가 딜러에게 차를 구입하는 경우에는 차량 검사 이력을 요구하도록 가르치자. 한국에서는 중고차 이력 조회 서비스 사이트인 카히스토리(carhistory.or.kr)에서 소액의 수수료를 지불하고 해당 차량의 사고 이력을 조회해 볼 수 있다. 그리고 어떤 방식으로 차를 구입하든지 정비소를 방문해 차량을 검사해 봐야 한다. 안전성은 당연히 타협할 수 있는 대상이 아니기 때문에 사려는 자동차의 회사 홈페이지에서 당신이 또는 자녀가 구입하려고 하는 차량의 충돌 안전성과 주행 전복 안전성을 확인해야 한다.

알뜰하고 똑똑하게 소비하는
자녀로 키우는 6가지 원칙

쇼핑할 때 최악의 적은 바로 자기 자신일 때가 많다. 이는 청소년 자녀도 마찬가지일 것이다. 과소비를 부추기는 사회에서 살아가는 아이들이 나쁜 소비 습관을 극복하고 더 똑똑하게 욕망을 이기도록 돕는 전략들을 살펴보자.

원칙 1 현금을 사용하라

이 원칙은 아무리 강조해도 지나치지 않다. 매사추세츠 공과대학교에서 수행한 실험 중에 유명한 연구가 있다. 연구진은 실험 참가자들에게 NBA 경기 입장표를 경매로 팔았다. 이때 현금으로 결제한 이들은 신용카드로 결제한 이들보다 돈을 적게(때로는 절반 이하로) 썼다. 어째서 이런 결과가 나왔을까? 다른 이유도 있지만 현금으로 지불하면 플라스틱 카드로 지불할 때보다 훨씬 '고통스럽기' 때문이다. 구매 결정을 내려야 하는 사람들의 뇌를 스캔한 MRI 사진을 보면, 우리 뇌는 비싼 가격을 볼 때 신체적으로 고통을 느끼는 부위가 활성화된다. 그러나 신용카드로 결제하는 경우에는 고통을 느끼는 반응이 둔화되는 것으로 나타났다. 현금으로 지불하는 경우에는 실제로 상실의 아픔을 겪는 것과 같은 고통을 느끼지만, 신용카드로 긁는 경우에는 그 고통이 덜하다는 이야기다.

원칙 2 할인이나 쿠폰, 온라인 상품권을 의심하라

쿠폰 자체를 쓰지 말라는 이야기가 아니다. 내 어머니는 쿠폰을 모아 가족에게 꼭 필요한 물품을 구입하는 데 사용함으로써 수백만 원을 절약했다. 그렇지만 특가로 나오는 미끼 상품이 애초에 사려고 했던 물건이 아니라면 미끼를 물지 말자. 말은 쉽지만 뇌는 우리를 쉽게 기만한다. '두 개 사면 두 개가 공짜!'라는 문구를 보면 혹해서 셔츠를 네 벌이나 사 들고 가게를 나선다. 애초에 필요한 셔츠 한 벌만 샀다면 내야 할 돈보다 훨씬 많은 돈을 지출하고 만다. 돈을 절약했다고 생각하지만 실제로는 돈을 낭비한 것이다.

원칙 3 자신의 감각을 믿지 말라

매장에서는 향기, 조명, 음악을 이용해 고객의 구매욕을 부추긴다. 일례로, 클래식 음악은 쇼핑하는 사람들에게 더 비싼 물건을 구매하도록 부추긴다고 한다. 기업별로 공간에 맞는 맞춤식 향기를 개발하는 '분위기 마케팅' 전문 회사도 있다. 예를 들어, 유니버설 올랜도 리조트의 하드록 호텔은 아래층의 아이스크림 가게로 고객을 유인하기 위해 계단 위쪽에는 설탕 과자 향이 나도록 하고 아래쪽에는 아이스크림콘 향이 나도록 했다. 아이와 함께 매장에 들어갈 때면 사람들의 구매를 부추기기 위해 분위기가 어떤 식으로 조성되었는지에 대해 대화하는 것도 재미있을 것이다.

원칙 4 고가의 가격표를 기준점으로 삼지 말라

'앵커링Anchoring 효과'는 무척 흥미로운 주제다. 연구 결과에 따르면, 사람들은 어떤 물건이 고가의 가격표가 찍힌 물건들 사이에 평소보다 높은 금액으로 판매돼도 기꺼이 돈을 더 지불하는 것으로 나타났다. 예를 들어 5만 원짜리 운동복이 주로 전시된 매장에서는 옷 한 벌을 4만 원 정도에 사면 합리적인 소비로 느껴진다. 하지만 2만 원짜리 운동복이 즐비한 할인점에서는 똑같은 옷이라도 3만 원을 내면 바가지를 쓴 것처럼 느껴진다.

앵커링 효과는 인간의 만족감은 상대적이라는 사실을 이용한 판매 기법으로 쇼핑할 때마다 자녀에게 귀띔해 줄 필요가 있다. 이 주제에 대해 깊이 살펴보고 싶다면 개리 벨스키Gary Belsky와 토머스 길로비치Thomas Gilovich의 공저 『돈의 심리학: 심리학으로 엿보는 돈 이야기Why Smart People Make Big Money Mistakes and How to Correct Them』를 읽어 보자.

원칙 5 그저 기분 전환을 위해 쇼핑하지 말라

사람들은 우울하고 슬플 때면 쇼핑을 통해 기분을 전환하고 싶어 하는데, 실제로 실험에서 입증된 현상이다. A 그룹에는 한 소년이 사랑하는 스승의 죽음을 경험하는 내용의 영상을 시청하게 했고, B 그룹에는 오스트레일리아의 최대 산호초 지대인 그레이트배리어리프를 다룬 내셔널지오그래픽의 다큐멘터리 영상을 시청하도록 했다. 감성적 영상을 시청한 A 그룹 참가자들은 무미건조한 영상을 시청한 B 그룹 참가자들보다 스포츠음료 물병을 구매하면서 최대 300퍼센트 이상 더 많이 지출했다. 쇼핑을 통해 일시적으로 기분을 전환할 수는 있겠지만 청구서가 날아왔을 때 심각한 후유증을 겪게 될 것이다.

원칙 6 주변 사람들의 소비 습관을 경계하라

몇몇 연구 결과를 보면 친구들이 우리의 체중과 흡연 여부에도 영향을 미친다. 당연히 우리의 소비에도 영향을 미친다고 봐야 한다. 미국공인회계사협회에서 수행한 설문조사에 따르면 20대와 30대 초반 성인 가운데 3분의 2는 외식이나 최신 전자제품 구매와 관련해 친구들에게 뒤지지 말아야 한다는 부담감을 느낀다고 대답했다. 빚에 허덕이는 친구들 곁에는 얼씬도 하지 말라고 말할 수는 없지만, 그들과 쇼핑몰을 함께 가는 일만큼은 피하라고 자녀에게 가르치자.

결혼식을 준비하는
금전 관리의 4가지 원칙

조사 결과에 따르면 최근 2년 내 결혼한 한국인 신혼부부의 결혼 비용은 총 4500여만 원인 것으로 집계되었다. 이보다 더 큰 비용을 지출하는 경우도 많다. 예비부부들이 결혼식 보험을 들어 둘 정도로 결혼식은 돈이 많이 들어가는 행사가 되었다.

그러면 어떻게 해야 할까? 무엇보다 먼저 하고 싶은 말은 특히, 부모의 재정 상태가 불안정한 경우 부모로서 자녀가 멋진 결혼식을 올릴 수 있게 돈을 부담해야 한다고 의무감을 느낄 필요가 없다는 것이다. 퇴직연금을 깬다든지 신용카드로 돈을 대출할 생각은 하지도 말라. 부모로서 자녀의 결혼식에 돈을 보태 주고 싶고 또 그럴 형편이 된다면, 그렇게 해도 좋다. 하지만 그런다고 해서 자녀의 결혼식에 간섭할 수 있는 권리가 생기는 것은 아니라는 점도 유념하자.

수십 년 전에 결혼식을 한 번 치러 본 사람들은 재혼하면서 재정적으로 훨씬 현명한 선택을 한다. 《컨슈머 리포트》에 따르면, 요즘 예비부부들이 스스로 부담하는 결혼식 비용은 전체 금액의 절반 수준에 불과하다. 따라서 주변 사람들, 보통 가족들이 나머지 비용을 보태야 하는 현실이다. 아직도 많은 예비부부에게는 결혼식 비용이 매우 부담되는 금액이다. 결혼식을 준비하는 자녀에게 유용한 지침 5가지를 살펴보자.

원칙 1 적당한 금액대의 반지를 구입하라

청혼 반지 비용은 두 달 치 월급과 같아야 한다는 속설은 잊어라. 이 지침은 1980년대에 대형 다이아몬드 유통업체인 드비어스의 마케팅 부서에서 고안해 낸 것이다(수십 년 전에는 한 달 치 월급과 같아야 한다고 제안했던 마케터들이 뻔뻔하게도 이젠 두 달 치 월급을 들먹인다). 에모리대학교 연구진은 남자가 청혼 반지에 200만 원에서 400만 원을 지출한 경우, 청혼 반지에 50만 원에서 200만 원을 소비한 부부보다 이혼 가능성이 1.3배 높다는 사실을 발견했다. 이 같은 결과에 대해 연구진은 결혼 생활 초기에 부채가 적을수록 커플이 느끼는 결혼 스트레스도 적어지기 때문이라는 이유를 제시했다.

원칙 2 기회비용을 따져 보라

결혼을 앞둔 자녀는 한껏 분위기에 취해 왕실 결혼식에 버금갈 만한 예식을 꿈꾸기 십상이다. 하루 만에 없어질 그 돈으로 얼마나 많은 것을 성취할 수 있는지 상기시키자. 예를 들어, 결혼식장과 웨딩 패키지 등에 지출하는 평균 예식 비용 1200여만 원은 1억 3000만 원의 주택을 구입하기 위한 계약금 10퍼센트에 해당한다. 대학을 졸업하고 갚아야 하는 평균 학자금 부채도 거의 청산할 수 있는 금액이다. 또한 자녀가 15년 전 어린이 야구 리그에서 함께 뛰었던 사람들까지 결혼식에 초대하려고 한다면 재고하라고 조언하자.

원칙 3 바가지 상술을 피하라

피로연 음식, 꽃 장식, 사진 등을 비롯해 관련된 업체들은 결혼식이라고 하면 비용을 올려 받기 일쑤다. 이는 예비부부들이 경험이 없는 초보 구매자들인 데다, 중요한 결혼 예식이 '싸구려'로 보이는 것을 두려워하는 심리를 이용하는 상술이다. 영국의 한 조사기관의 발표에 따르면, 결혼식의 경우에는 가족 파티보다 가격을 최대 네 배까지 올려 받는다고 한다. 가격을 비교할 때는 자녀에게 이렇게 하라고 귀띔해 주자. 먼저 '가족 모임' 행사를 위해 서비스 업체 몇 군데의 가격을 알아보고, 다시 전화를 걸어 동일한 수의 손님을 초대해 '결혼식'을 할 경우 가격이 얼마나 되는지 물어보자. 그러면 가격을 협상할 수도 있고 가격 차이가 너무 크면 다른 업체를 알아보면 된다. 요즘에는 경제적 현실을 고려해 동네 레스토랑, 공원 등과 같은 저렴한 장소에서 자신이 직접 구상한 결혼식을 치르는 경우도 많아졌다.

원칙 4 결혼식에 큰돈 쏠 필요가 없다

결혼 관련 업계 마케터들의 주장과는 정반대로 소득 수준을 막론하고 결혼식에 많은 돈을 소비한 부부는 검소하게 결혼식을 치른 부부보다 이혼할 가능성이 더 높은 것으로 나타났다. 앞서 말한 평균 결혼식 비용인 4500여만 원은 어디까지나 평균치로, 이보다 훨씬 적게 소비하는 사람도 많다는 뜻이다. 에모리대학교의 연구 결과에 따르면, 결혼식에 많은 비용을 소비한 부부는 검소하게 예산을 집행한 부부보다 이혼할 가능성이 3.5배 더 높았다. 연구진은 비싼 청혼 반지와 마찬가지로 성대한 결혼식은 부채를 초래하고, 이로 인해 결혼 생활에 스트레스가 커졌을 것으로 추정했다. 겉으로 보이는 결혼식에 과도하게 신경을 쓴다는 의미는 정작 가장 중요한 관계에는 소홀히 할 수 있다는 뜻이기도 하다.

8장

돈과 마음을 나누는 기쁨을 배워라

2012년 허리케인 샌디가 미국의 동부 해안을 강타한 직후 나와 내 주변 사람들은 모두 수재민들을 돕기 위해 결집했다. 많은 사람이 막대한 손실을 입었다. 어른들의 눈에도 충격적이었지만, 특히 아이들은 여태껏 한 번도 본 적 없는 엄청난 피해가 발생했다.

당시 여덟 살이던 내 아들과 함께 태권도 학원에 다니던 여자아이의 어머니인 데어드레이에게 들은 이야기가 생각난다. 그녀가 자기 딸아이에게 수해로 집이 파괴된 수재민 쉼터에 음식을 기부할 생각이라고 이야기하자, 딸아이는 할 이야기가 있다며 매우 중요한 이야기라고 했다. 데어드레이는 이 비극적 사건에 대해 딸아이가 어떤 말을 할지 궁금해하며 귀담아들었다. 그런데 딸아이는 "내 땅콩버터는 주면 안 돼요!"라고 사정했다. 데어드레이는 말문이 막혔다. 친구들의 아이들은 자기 딸아이보다 더 나이가 많은 것도 아닌데 주말에 뉴욕 곳곳에서 피해지역의 청소하는 일을 거들었다. 그런데 평소에는 어여쁘기만 하던 딸아이는 자기가 좋아하는 군것질거리를 챙기기에 바빴다. 몹시 실망스럽고 혼란스러웠던 데어드레이는 내게 이렇게 말했다.

"어떻게 애가 저렇게 이기적일 수 있죠?"

부모라면 모두 비슷한 경험이 있을 테다. 어른들은 때때로 아이들의 무정한 태도에 충격을 받고 당혹해한다. 물론, 다른 아이가 갖고 싶다고 하면 테레사 수녀처럼 모래 상자에 든 삽과 물통을 아낌없이 주는 아이들도 있다. 하지만 아이들은 본능적으로 소유욕이 강하다. 아이들에게 오래된 장난감이나 땅콩버터 같은 사소한 물건이라도 자기 것을 남에게 주라고 요구하면 아이의 생존본능이 발동한다.

이럴 때 부모는 "여태껏 꺼내서 갖고 논 적이 한 번도 없으면서 그 나무 블록 장난감을 형편이 어려운 아이에게 주기는 아깝다고 말하는 거니?"라고 소리치고 싶겠지만, 그렇게 하면 안 된다. 이런 대화는 아이와의 관계를 소원하게 만들 뿐이다. 그보다는 곤경에 처한 타인을 돕는 것이 가정의 우선순위라고 분명히 설명하자. 그리고 그 가치를 지키는 일에 부모가 솔선수범하고 아이도 실천하게 하면 된다.

아이가 진심이 아닌 형식적으로 돕는 것은 아닌지 염려하지 말라. 고대 탈무드의 격언에 시늉만 해도 괜찮다는 말이 있다. 이른바 "흉내를 내다 보면 진짜로 성공하게 된다"라는 개념이다. 행위 자체가 중요하고, 학점을 얻기 위해 순전히 의무감에서 했든지 또는 선의로 했든지 상관없다. 그러니 기분 좋게 독려하자. 경제학자들은 아이들이 성장하면서 훨씬 이타주의적인 사람이 된다는 사실을 발견했다.

미국 평화봉사단의 경우를 예로 들어 보자. 몇 해 전, 경기침체가 한창일 때 이곳 자원봉사 지원자들이 대폭 증가했다. 일각에서는 그 이유가 젊은 세대가 인생에서 무엇이 정말로 중요한지를 깨달은 결과라고 해석했지만, 진짜 지원 동기는 구직난 때문이라고 해석하는 이들도 있었다. 실제로 경기가 다시 좋아지자 평화봉사단 지원자들은 급격히 줄었다. 그러나 동기야 어떻든지 그 자원봉사자들이 수행한 선한 일들이 없어지지는 않는다.

자녀가 좋아할 만한 자선 활동이나 사업을 찾아보라. 이런 활동은 모든 면에서 자녀에게 유익하다. 연구 결과를 보면 자선 활동(특히 의무가 아닌 자원해서 한 일인 경우)을 한 사람들은 실제로 행복감을 느낀다.

너그러운 마음씨를 지닌 자녀로 키우고 싶다면 먼저 부모가 선한 일을 솔선하는 노력이 필요하다. 하버드대학교 교육대학원에서 1만 명의 중고생을 대상으로 설문조사를 실행한 결과에 따르면, 말과 행동이 다른 부모가 아이의 교육에 악영향을 끼치는 듯하다. 많은 부모가 이웃을 사랑하는 자녀로 키우고 싶다고 말은 하지만, 현실에서 진짜로 강조하는 것은 개인의 성공과 성취라는 사실이 연구를 통해 드러났다. 설문조사에 응답한 결과를 보면 '우리 부모님은 내가 학교에서 착한 아이로 꼽히는 것보다 좋은 성적을 받을 때 더 자랑스러워하신다'는 문항에 그렇다고 대답한 아이들이 그렇지 않다고 대답한 아이들보다 세 배나 많았는데 그럴 만도 하다. 이번 장에서는 아이에게 선행을 베푸는 기쁨을 알게 하는 방법을 살펴보자.

유아기

유아기 아동은 대체로 친구와 가족에게 친절함을 보인다. 낯선 사람들에게도 친절을 베풀려면 발달 단계상 네 살 이상이어야 한다. 나눌 줄 아는 자녀로 키우려면 아이가 어릴 때부터 다음과 같은 교훈을 심어 주는 게 좋다.

나눔을 위한 저금통을 마련하라

앞서 3장에서도 설명했지만 많은 가족이 아이들에게 경제 교육을 할 때 저축과 소비, 나눔 용도로 저금통 세 개를 마련해 돈을 분배하는 방식을 선호한다. 하지만 아이들에게 3000원 중에서 1000원을 매번 나눔용 저금통에 저축하라고 시키는 것이 비현실적이라고 생각하는 부모들도 있다. 어른들도 대부분 그만한 돈을 자선단체에 기부하지 않기 때문이다. 나눔 비율이나 금액이 중요한 게 아니다. 아이들의 돈에서 30퍼센트든 20퍼센트든 10퍼센트든 일정한 금액을 정해 나눔 용도로 모으게 하자. 그리고 아이들이 할아버지에게 용돈을 받든, 길바닥에서 돈을 줍든, 생일날 부모에게 선물로 받은 돈을 받을 때마다 정해진 금액을 일관되게 저축하도록 가르치자.

돈을 모으는 일도 즐겁지만, 모은 돈을 기부하면서부터 진정한 즐거움이 시작된다. 유아기 아동은 자선단체에 대한 개념이 명확하지 않아 어디에 기부할지 잘 모르기 때문에 부모가 아이들을 이끌어 줄 필요가 있다. 『기부하는 아이로 키우기Raising Charitable Children』의 저자 캐럴 와이즈먼Carol Weisman은 아이에게 이렇게 물어 보라고 조언한다.

"만약 네가 세상에서 한 가지만 바꿀 수 있다면 뭘 바꾸고 싶니?"

이 질문에 답하기 전에 아이에게 가장 걱정스러운 것이 무엇인지 생각해 보라고 하자. 먼 이웃 나라에서 발생한 재난인가? 아니면 아이가 길에서 본 어떤 사람이나 유전병을 앓고 있는 사촌처럼 우리 이웃에서 일어나는 문제인가? 아이는 텔레비전에 나오는 지진 뉴스와 구호단체에 물품을 보내는 행위에 무슨 관련이 있는지 연결 짓지 못할 수 있다. 이때 부모가 도와줘야 한다. 유아기의 아이들도 구체적인 자선단체의 활동은 이해할 수 있다.

형편의 다양성을 알려 주자

어렸을 때 내 친구 데니스는 그녀의 아버지에게 새 자전거를 사 달라고 졸랐다. 그녀의 아버지는 이렇게 대답했다.

"미안하지만 새 자전거를 살 돈은 없단다."

그 말을 들은 데니스가 "왜 우리 집은 이렇게 가난해요?" 하고 칭얼댔다.

그러자 그녀의 아버지는 흥분하며 "가난하다고? 내가 진짜 가난한 게 뭔지 보여 주마!"라고 말한 뒤 곧장 식구를 모두 차에 태우고 생전 처음 보는 지역으로 차를 몰았다. 데니스는 그곳이 중

산층이 주로 살던 자신의 동네와 사뭇 다르다는 것을 한눈에 알아봤다. 데니스의 아버지는 페인트칠이 벗겨진 어느 집 앞에 차를 세웠다. 그 집 현관 옆에는 낡은 세탁기가 세워져 있었고, 어린 소녀 두 명이 철망으로 둘러싸인 마당에 쪼그리고 앉아 흙을 만지며 놀고 있었다.

"저런 것을 가난하다고 하는 거란다."

데니스의 아버지는 속삭이듯 말했다. 그들은 다시 집으로 돌아왔고, 주차장으로 들어가는데 데니스의 눈에 그들의 평범한 주택이 별안간 궁궐처럼 느껴졌다. 그날 이후로도 데니스는 부모님이 사 줄 형편이 못 되는 물건들을 갖고 싶어 할 때가 종종 있었지만, 자기 집이 가난하다고 불평하는 일은 한 번도 없었다.

이런 식의 노골적인 전략이 마음에 들지 않을 수는 있겠지만, 데니스 아버지는 기억에 확실히 남을 만한 방식으로 자녀들에게 자족하는 법을 가르쳤다. 가난이 보기에 따라 상대적일 수 있다는 사실을 자녀들에게 가르친 현명한 아버지였다. 이런 교육을 할 때는 '가난하다'라는 말을 아예 사용하지 않는 것도 좋은 방법이다. 그런 표현을 쓰면 아이와 도움이 필요한 사람 사이에 거리감이 생기기 때문이다. 그런 이유로 뉴욕에 스파이어 레거시 스쿨을 세운 공동 창업주인 코니 버튼Connie Burton은 어린이들에게 사람들이 소유한 것과 소유하지 못한 것을 설명할 때 '넉넉하다'와 '부족하다'라는 표현을 쓴다. 넉넉함과 부족함의 기준이 저마다 다르다는 점(과 다른 아이들에 비해 가진 게 적은 아이들이 있다는 사실)을 가르치는 게 중요하다.

나눔에는 기쁨이 따른다

부모들은 기부나 봉사활동을 그저 기분 좋은 양육 과정의 일환으로만 생각할 수 있다. 그러나 브리티시컬럼비아대학교의 심리학자들은 아이들이 기부를 하며 실제로 기쁨을 느낀다는 사실을 발견했다. 연구진은 걸음마를 배우는 아이들에게 원숭이 꼭두각시 인형을 소개하고, 아이들과 원숭이 꼭두각시 인형에게 모두 빈그릇을 주었다. 연구진은 아이들의 그릇에 과자를 부었고 아이들은 기뻐했다. 물론, 아이들이 기뻐했다는 판단은 감정을 분석하는 전문 집단이 아이들의 표정을 근거로 분석한 결과다. 한편, 아이들에게 원숭이 꼭두각시 인형은 과자를 하나도 받지 못했다는 사실을 지적하자 아이들은 자신의 과자를 일부 나눠 주고 처음보다 훨씬 더 기뻐했다. 아이들은 자신에게 어느 정도 희생이 따르더라도 기부할 줄 안다. 그들의 역량을 과소평가하지 말라.

아이들이 기부하는 만큼 부모도 보조하라

기금 모금 단체들이 오래전부터 터득해 왔던 기부에 관한 몇 가지 사실이 연구를 통해 확인되고 있다. 기부를 격려하는 사람이 있을 때 사람들은 더 많이 기부한다는 사실이다. 이를테면, 한 사람이 일정 기간 내에 기금 마련 목표액이 달성되면 자신이 추가로 1000만 원을 기부하겠다고 약속한다. 부모도 이와 비슷한 방식으로 자녀의 기부를 격려할 수 있다. 예를 들어, 아이가 관심을 보이는 자선단체에 1000원씩 기부할 때마다 부모가 1000원씩 보태기로 제안하는 것이다.

하지만 아이에게 기부하는 법을 가르치겠다고 터무니없는 인센티브를 제공할 생각은 하지 말라. 연구 결과를 보면, 1000원을 기부할 때 1000원 대신 2000원을 보조한다고 해서 더 열심히 기부하는 것은 아닌 듯싶기 때문이다. 기부에 대한 의욕을 북돋우는 요인은 보조금의 실제 금액보다는 자신이 기부함으로써 기부금이 더 효과적으로 활용될 수 있다는 생각 그 자체. 어릴 때부터, 어쩌면 300원이나 500원밖에 기부할 돈이 없을 때부터 이런 습관을 들이면 아이는 1000원(또는 푼돈)이 지닌 위력을 실감한다.

 초등학생

8yrs old

아이들은 초등학생이 되면 유아기 때보다 타인에게 필요한 도움의 손길을 더 잘 이해한다. 아이들이 비록 소액이라도 그들의 돈과 시간을 써서 이웃을 도우려고 할 때 부모가 해 줄 수 있는 조언을 살펴보자.

돈이 아닌 시간을 나누는 것도 가치가 있다

내 친구 필은 아이들이 각각 13세, 11세, 6세였을 때 가족을 데리고 교회에 있는 무료 급식소를 찾아가 손님들에게 추수감사절 음식을 날랐다. 급식소 직원들은 주방 일손이 늘어난 것에 기뻐했다. 휴일에는 그나마 일손이 많아 보였지만, 평소에는 일하는 직원 수가 매우 적었다. 그래서 필은 가족을 데리고 한 달에 한 번 토요일에 봉사하기 시작했다. 덕분에 무료 급식소는 평소에도 더 많은 사람에게 음식을 배급할 수 있게 되었다. 급식소 직원들은 공휴일도 아닌데 봉사에 나선 필의 가족에게 고마움을 표했다. 할 수 있다면 당신도 가족과 함께 세상에 의미 있는 영향을 미칠 수 있는 자원봉사 활동을 찾아보라. 자원봉사는 세상에 돈이 전부가 아니라는 사실을 자녀에게 보여 주는 훌륭한 수업이다.

자기 생일날 다른 사람에게 선물해 보라

생일날 선물을 받기 싫어하는 아이가 어디 있을까? 그런데 선물 하나 받지 못하는 어려운 가정의 아이에게 줄 선물을 사러 돌아다니면서 기쁨을 느끼는 아이들이 있다. 내 친구 멜리사는 버스데이버드(Birthday Buds, 인터넷 주소는 birthdaybud.org)라는 단체를 통해 뉴욕시에 있는 저소득층 가정의 아이와 자신의 다섯 살배기 아들 주드를 연결해 주었다. 한 아이가 다른 아이에게 생일 선물(그 아이 부모가 형편이 어려워 사 주지 못하는 필수품이나 장난감)을 줄 수 있는 기회를 제공한 것이다.

지난 생일에 멜리사와 주드는 버스데이버드로 맺어진 친구가 자동차 장난감을 좋아할 뿐 아니라 장화와 칫솔도 필요하다는 사실을 알게 되었다. 아이가 갖고 싶다는 선물 목록을 보고 주드는 물론 멜리사도 깜짝 놀랐다. "내가 다음에 또 불평을 늘어놓거든 아무 어려움 없이 아들에게 칫솔을 사 줄 만큼 운이 좋다는 사실을 기억하게 해 줘"라고 멜리사는 내게 말했다. 모자는 함께 은행에 찾아가 주드의 예금계좌에서 4만 원을 인출하고, 목록에 적힌 선물을 구입했다. 생일에 또는 꼭 생일이 아니더라도 특별한 날에 나눔을 실천하는 습관을 심어 주는 것은 자기가 가진 것에 감사하는 마음뿐 아니라 타인을 아끼는 마음을 키울 수 있는 좋은 토양이 된다.

새것을 얻을 때마다 헌것은 선물하라

이것은 내 친구 사디가 어렸을 때부터 그녀의 집안에서 지켜 온 원칙이다. 사디가 엄마가 되고부터는 아이들에게 이 원칙을 적용하고 있다.

"만약 새 신발이 생겼다면, 더는 신지 않는 신발은 기부해야 했죠."

사디는 어렸을 때의 일을 회상하며 말했다.

"우리에게 정말로 필요한 게 무엇인지 생각해 보는 아주 훌륭한 방법이었어요. 또 그 물건이 다른 사람에게 더 필요할 수 있다는 것을 생각하게 되었죠. 물론 집안에 쌓인 잡동사니를 줄이는 데도 유용해요!"

특히 이 원칙은 자녀에게 일종의 재량권을 부여한다는 점에서 훌륭했다. 어떤 물건을 기부할지 부모가 아이에게 지시하지 않고, 아이가 어떤 물건이든 기부하도록 놔뒀다. 벽장 등 일정한 장소를 정해 기부용 가방을 두고 가족이 정기적으로 기부할 물건을 거기에 넣게 하라. 더는 몸에 맞지 않거나 사용하지 않는 물건이 있으면, 그 물건을 쓸모 있게 사용할 사람에게 보낸다. 또한 자선단체에 기부하고 영수증을 챙기자. 만약 아이가 기부하기를 거부하면 억지로 시키지는 말라. 아직 기부할 마음의 준비가 되지 않은 아이들도 있다. 나중에 더 크면 당신과 마찬가지로 기부를 통해 많은 것을 얻게 될 것이라고 이야기해 주자.

돈을 요구하는 사람들은 무시하라

대도시에 사는 사람이라면 아이와 함께 길을 걷다가 돈을 요구하는 사람을 만나 본 적이 있을 것이다. 항상 모자에 돈을 던져 주는 사람들도 있지만, 구걸하는 사람에게 돈을 주는 것을 안 좋게 여기는 사람들도 있다. 이에 대한 개인적인 입장이 어떠하든지 어려움에 처한 사람을 못 본 척하거나 그들의 목소리를 못 들은 척 행동하는 것은 좋지 않다. 그보다는 "미안하지만 오늘은 안 되겠어요"라는 변명이라도 하는 게 더 나은 태도다.

때때로 아이들은 길거리에 앉아 피켓을 들고 구걸하는 사람이나 길가에 누워 자는 노숙자를 볼 때 부모에게 질문을 던지기도 한다. 이런 질문들을 그냥 무시해 버려서는 안 된다. 아이를 학교에 데려다주고 직장에 가야 하는 바쁜 상황에서 아이와 깊은 대화를 나눠야 한다는 의미는 아니다. 하지만 나중에라도 시간을 갖고 부모의 가치관을 설명할 필요가 있다. 만약 그런 사람들에게 돈을 주면 안 된다고 생각한다면, 그 대신 형편이 어려운 사람들을 돕는 자선단체에 어떤 식으로 기부하는지 아이에게 알려 주자.

가까운 곳에서 활동하는 자선단체를 찾자

지구촌 곳곳에서 자연재해 소식이 빈번하게 들리는 만큼 아이들이 이들을 돕는 데 관심을 느끼는 것은 어쩌면 당연하다. 하지만 머나먼 타국의 쓰나미 피해자들에게 필요한 물품을 지원하기 위해 아이가 바자회를 통해 소액의 돈을 모아 기부할 생각을 떠올리는 것은 쉬운 일이 아니다. 우선 자신들이 기부한 노력이 결실을 보는 모습을 눈으로 직접 확인할 수 있는 가까운 지역의 자선활동부터 선택하는 게 좋다. 지역 선거를 위해 전단지를 돌리든 동네 공원 조성을 지지하는 서명운동에 참여하든 가까운 지역에서 진행되는 활동에 참여함으로써 그 결실을 눈으로 볼 수 있다. 가까운 지역에서 기부나 봉사활동을 하면 이렇게 하지 않았으면 인지하지 못했을 문제들(자신이 사는 마을에서 일어나는 결식아동 문제나 노숙자 문제 등)을 눈으로 확인하고 꾸준히 관심을 유지할 수 있다.

자녀가 동물의 권리에도 관심이 많은가? 만약 사료가 부족해 기부를 받는 동물 보호소가 동네에 있다면, 이 기회에 집에서 쓸 사료를 좀 넉넉하게 구입한 뒤 일부는 동물 보호소에 기부하라. 그러면 보람과 함께 더 큰 재미도 느끼게 된다.

나눔의 의미를 깨닫게 하자

단순히 부모가 시간이나 돈을 기부하는 모습을 아이에게 보여주며 기부의 모범을 보이는 것만으로는 충분하지 않다. 나눌 줄 아는 자녀로 키우려면 부모가 하고 있는 일에 대해, 그리고 그 일이 중요한 이유에 대해서도 대화를 나눌 필요가 있다. 이것은 최근 유엔재단과 인디애나대학교의 여성 자선활동 연구소가 진행한 연구를 통해 밝혀진 놀라운 사실이다. 연구진은 900명의 아이들을 대상으로 1년 넘게 자선활동 여부를 추적했고, 6년이 지나 이들이 성인이 된 뒤에도 자선활동을 하는지 확인했다. 비록 부모가 돈은 기부하지만 기부의 중요성에 대해 대화를 나누지 않은 아이들에 비해, 부모와 자선활동에 대해 대화를 나눈 아이들이 성인이 되어서도 자선단체에 계속 기부할 가능성이 훨씬 높았다.

자녀에게 선행을 자랑하는 것처럼 보일까 봐 염려된다면 그럴 필요가 없다. 부모가 어떤 일에 기부하는지, 그 돈이 구체적으로 어떻게 도움이 되며 어떻게 예산 안에서 기부금을 책정하는지 설명해 보자. 공휴일은 나눔 활동을 하기에 좋은 날이다. 가족과 친구들에게 줄 선물을 사기 위해 돈을 조금씩 모으는 것처럼 매년 이웃을 돕기 위해 조금씩 돈을 모아 나눔 활동을 하자고 아이들에게 제안해 보자.

중학생

중학생 아이들은 기부할 만한 돈이나 시간이 없다고 느끼기도 한다. 하지만 본래 나눔이란 가진 게 많지 않을 때 나누는 것을 의미한다. 비록 푼돈에 불과할지라도 용돈이나 생일에 받은 돈을 기부하는 것이나 과외활동 사이에 틈나는 대로 봉사하는 것은 중학생도 할 수 있는 나눔이며, 이러한 나눔은 아이들이 자기들이 가진 적은 것에 감사할 줄 알게 한다. 중학생 자녀에게 나눔을 가르치는 데 유용한 지침을 살펴보자.

자선활동과 학원 수업을 똑같이 존중하라

아이가 학교나 학원 수업에 빠지고 싶어 할 때, 부모들은 정해진 원칙을 중시하는 습관을 들이기 위해서라도 아이의 부탁을 들어주지 않는다. 어떤 일이든 끝까지 완주하게 하는 것은 미래의 회사 생활을 떠올릴 것 없이 학교생활에서도 아이에게 유익한 습관이다.

다른 사람을 돕는 자선활동도 마찬가지다. 단, 아이와 부모 자신의 일정을 현실적으로 고려해야 한다. 고상하고 영웅적인 사람으로 인정받고 싶은 욕망에 이끌려 자신이 지킬 수 없는 약속을 하게 만들어서는 안 된다. 그보다는 가능한 대안을 살펴보고 결정하도록 하자. 만약 아이가 매주 봉사하기가 어렵다면 격주마다 하는 방법도 있다. 예를 들어 사회복지관에서의 3시간 봉사활동이 적합하지 않다면, 학교 도서관에서 1시간 동안 카트에 쌓인 반납 도서들을 정리하는 일은 어떤가? 아이가 감당하기 어려운 수준의 헌신을 요구하면 중도에 포기할 가능성이 커진다. 이렇게 되면 과제를 완수하고 성취감을 느낄 수 있는 기회도 사라질 뿐 아니라 해당 자선단체에도 도움이 되지 않는다.

그들에게 진짜로 필요한 게 무엇인지 생각하라

너무나 뻔한 이야기지만, 부모가 아이와 함께 시간과 돈을 들여 기부하기 전에 우선 자선단체에 무엇이 필요한지 살피는 일이 중요하다. 아이들에게 잘 알려진 흔한 형태의 자선활동인 '푸드 드라이브'(푸드뱅크에 식품을 조달하는 자선활동-옮긴이)를 예로 들어 보자. 중학생 자녀와 함께 슈퍼에 장을 보러 가서 좋아하는 수프를 고르게 하고 그중에 몇 통을 푸드 드라이브에 기부하게 하면 아이들이 즐거워한다. 다만 문제는 아이들이 기부하는 음식이 푸드뱅크에서 필요로 하는 음식인지는 알 수 없다는 점이다. 미국 내 푸드뱅크(빈곤한 사람들에게 식품을 배급하는 자선단체-옮긴이)는 대부분 식품업체와 연계해 필요에 따라 기부할 음식을 선정한다. 이들 업체가 기부하는 식품들은 상표 인쇄가 잘못되었거나 포장에 흠이 있어 정식으로 판매하지는 못하지만 멀쩡한 제품들이다. 푸드뱅크에 당신과 아이들이 아무렇게나 선정한 음식 대신 돈을 기부하면 그들은 그 돈으로 몇백 원의 취급수수료를 지불하고 그들에게 필요한 식품을 정확히 구매할 수 있다.

내 친구는 그녀의 아들과 함께 할 수 있는 자선활동을 찾다가 동네 노숙자 쉼터에 노트북을 몇 대 기부하고, 컴퓨터 무료 강좌를 제공하겠다고 제안했다. 몇 개월 뒤 그 노트북들은 사용하는 사람이 없어 방치되었고, 컴퓨터 강좌를 신청하는 사람은 아무도 없었다. 쉼터에 정말로 필요한 물품이 무엇인지 묻자 생필품인 담요가 거론되었다. 만약 제대로 된 기부를 하고 싶다면, 전화로 문의하거나 해당 기관에 자녀와 함께 방문해 그들에게 진짜로 필요한 물품이 무엇인지 물어보라. 그리고 그 대화 내용을 아이도 곁에서 듣게 하자. 아이는 선한 기부자가 되기 위해서는 영리한 기부자가 되어야 한다는 교훈을 얻게 될 것이다.

아이가 다른 사람들의 경제적 현실을 이해하도록 도와주자

수전은 쌍둥이 아들 둘을 데리고 노숙자 쉼터를 찾아갔다. 쌍둥이 하나가 도중에 이런 질문을 던졌다.

"그 사람들은 맥도날드에 갈 만큼 돈도 있는데 어째서 직접 요리해 먹지 않나요? 그편이 훨씬 싸지 않나요?"

처음에 수전은 아이들이 세상 물정을 모르는 것은 말할 것도 없고 너무 무례한 것 같아 당황했다. 그러나 그들이 돕고자 하는 사람들의 인생을 이해하기에는 아이들의 경험이 턱없이 부족하다는 사실을 곧 깨달았다.

"집에서 신선한 음식을 요리해 먹는 것이 패스트푸드를 사 먹는 것보다 반드시 저렴한 것은 아니라는 사실을 설명했어요. 이들에게는 가스레인지나 냉장고도 없고, 냄비나 프라이팬도 없다는 점을 아이들에게 알려 줬지요."

수전은 이렇게 이야기했다.

"자세하게 설명해 주니 아이들도 이해하더군요."

아이들은 부모와 일상에서 일어나는 사건에 대해 대화를 나누며 경제적 불평등에 대해 알게 된다. 실제로 미국 중서부 지역의 중고등학교 학생 600여 명을 대상으로 진행한 연구에 따르면, 부모가 뉴스에서 보도하는 사건에 대해 평가하는 말을 듣고 자란 아이들은 그렇지 않은 아이들보다 소득 불평등에 대한 이해도가 높았다. 이런 아이들은 가난의 원인이 똑똑하지 못하거나 게으르기 때문이라는 주장을 사실로 믿을 확률이 낮았다(설문조사를 통해서도 밝혀졌지만 이런 주장을 사실로 믿는 미국인들이 허다하다). 주변 세상을 더 많이 이해한 아이일수록 자신보다 훨씬 힘든 처지에 놓인 아이들이 있다는 사실을 잘 알고 있다.

부모가 기부할 때 아이도 함께 기부하도록 격려하자

당신이 평소 관심을 둔 어떤 자선단체에 정기적으로 기부하든, 특별히 연휴를 맞아 일시적으로 불우이웃을 돕거나 어떤 자선단체에 기부하든, 그 일에 자녀도 동참시키자. 내 친구 한 명은 형편이 어려운 가정에서 성장했지만 그녀가 기억하는 아버지는 본인 집안 형편이 어려운데도 가난한 가정에 식품과 의료 서비스를 제공하는 국제 자선단체에 기부했다고 한다. 그녀가 어떤 교훈을 배웠을까? 그녀는 기부가 중요하다는 사실은 물론, 세상에는 자신보다 더 가난하고 도움이 필요한 사람이 많다는 사실을 알고 감사하는 법을 배웠다.

중학생이면 용돈이 많지 않겠지만 그래도 얼마간의 돈을 책정해 자신이 중요하게 여기는 자선활동에 기부하도록 권유해 보라. 앞에서도 언급했지만 기부와 관련해서는 특별히 정해진 금액이 없다. 자녀가 받은 용돈의 10퍼센트를 기부하도록 정하는 것이 무난하다. 예를 들어, 용돈 1만 원에서 10퍼센트면 1000원밖에 되지 않지만 이렇게 적은 돈도 그때그때 저금통에 모으면 꽤 큰돈이 된다.

자녀의 봉사활동에 대한 과한 칭찬은 금물이다

킴은 열세 살 때 친구 애나와 함께 교회에서 봉사하며 사람들이 기부한 옷가지들을 정리했다. 몇 시간 후 애나의 어머니가 소녀들을 데리러 와서는 그들이 한 일이 얼마나 중요한지 또 봉사활동에 자원한 그들이 얼마나 대단한지 입에 침이 마르도록 칭찬했다.

"친구 엄마가 너무 과하게 칭찬하시니까 도리어 기분이 안 좋았어요."

킴은 이렇게 말했다.

"봉사하고 나서 제가 어떻게 느끼는지에 대해 이야기하시는 게 아니라, 봉사하는 일에 대해서만 이야기하시잖아요."

영리한 아이였다. 부모가 할 일은 아이가 기부하는 습관을 기르도록 곁에서 돕는 것이지 소소한 자선을 베푼 뒤에 "우리 대단하지 않니?"라는 말로 과하게 흥을 돋우는 게 아니다. 일의 본질에 충실하자.

 고등학생

17yrs old

연구 결과에 따르면, 자원봉사 경험이 있는 10대 초반의 아이들은 일반적으로 공동체와 학교생활에 훨씬 적극적으로 참여한다. 중요한 것은 고등학생이 사회를 변화시키는 데 도움이 되고자 자기 시간과 돈을 투자하려고 할 때 그 결정을 스스로 내리게 놔두는 것이다.

그냥 남들이 하는 대로 따라 하는 기부는 하지 말자

몇 해 전 있었던 '아이스 버킷 챌린지' 열풍을 기억하는가? 이 아이디어를 제시한 미국 루게릭병 협회 사람들은 소셜미디어를 이용해 특히 청년층 기부자들 사이에 '아이스 버킷 챌린지'를 전파했다. 이 도전을 수락한 사람들은 얼음물이 든 양동이를 자기 머리 위에 쏟았다. 그들은 자기 영상을 인터넷에 올리고, 태그를 달아 친구들 중에서 다음 도전자를 지명했다. 이 도전에 참여한 사람들이 기부한 돈은 미국 루게릭병 협회가 루게릭병으로 알려진 치명적인 신경 근육 질환을 널리 알리고 치료연구 기금을 조성하는 데 쓰인다. 비록 재미로 물을 뒤집어쓴 사람들도 있었지만, 많은 사람이 아낌없이 기부했기에 이 단체는 아이스 버킷 챌린지를 인터넷에 널리 유포한 이후 2600억 원이 넘는 기금을 조성했다.

이렇게 널리 알려진 자선활동에 참여하는 것도 멋지지만, 기록적인 성공을 거두며 획기적인 연구에 도움을 준 사례 말고 세간의 주목은 받지 못하지만 중요한 자선활동에 참여해 보자. 고등학생 자녀와 함께 인터넷상에 입소문은 나지 않았더라도 가치 있는 여러 자선단체에 대해 이야기를 나눠 보라.

참가비를 받는 봉사활동에 지원하지 말라

10대 아이들이 먼 이국으로 여행을 떠나 집을 짓거나 영어를 가르치는 프로그램을 제공하는 단체가 많다. 그리고 그 과정에서 아이들에게 수천 달러의 비용을 청구하고서 '기부'라는 명분을 제공하곤 한다. 이런 프로그램들이 다른 곳에서는 얻을 수 없는 놀라운 해외 경험과 식견을 제공하는 역할을 하고 있음은 분명하다. 하지만 수익금 대부분을 해당 사업에 쓰며 진짜로 공동체에 봉사하는 사업과 달리 10대들의 사회봉사를 명분으로 자신들을 선전하는 수익사업인 경우가 많다. 그리고 아이들이 하는 '봉사'란 것도 만들어진 것일 가능성이 있다.

코미디언 루이스는 이런 봉사를 쓸데없는 짓이라고 혹평했다.

"그래, 넌 과테말라로 수학여행을 떠났을 테고, 사람들은 도움이 되었다고 네게 말할 테지. 그런데 도움은 개뿔, 넌 하나도 도움이 되지 않았어. 그 친구는 솔직히 이렇게 말하고 싶었을 거야. '산사태로 내 집은 난장판인데 내가 지금 ○○대학에서 온 철부지나 돌보고 있다니. 내가 이러고 있을 때가 아닌데 말이지.' 그냥 삽 들고 있는 사진 몇 장 찍고 비행기 타고 돌아가서 페이스북에 사진이나 실컷 올리라고."

참으로 적절한 비판이다.

기부는 다른 사람의 주머니에서 돈을 빼 오는 것이 아니다

아이는 어떤 대의에 고취된 나머지 다른 사람들도 자기처럼 기부할 수 있다고 착각하기 쉽다. 이럴 때는 부모가 좋은 말로 아이를 설득해 사람들이 저마다 처한 환경이 다르기 때문에 이런 점을 고려해 각자에게 맞는 기부 계획을 짜야 한다고 격려하는 게 좋다.

예를 들어 부유한 동네의 학교 댄스 동아리에서 자선 행사를 열기로 결정하고, 같은 지역의 다른 학교 댄스 동아리들을 초대한 적이 있었다. 그런데 행사장 입장료가 1만 5000원이었다. 비록 그 돈이 공공서비스가 부족한 지역에 주민센터를 설립하는 등 가치 있는 일에 쓰인다고는 하나 상대적으로 형편이 어려운 학교 학생들과 그 부모들은 비싼 입장료에 당황했다. 한 사람당 1만 5000원이 부유한 집에는 대수롭지 않은 금액일지 모르지만, 다른 부모들에게는 큰 부담이 될 수 있는 돈이다. 차라리 입장료를 받지 않고 행사 중에 기부(어쩌면 3만 원)를 권유했더라면 이 행사에 관심은 있지만 입장료가 부담스러워서 발길을 돌리는 일은 없었을 테고,

여유가 있는 사람들은 흔쾌히 기부했을 테니 상당한 기금을 조성하지 않았을까?

봉사 시간과 나눔 정신은 비례하지 않는다

학교나 학군별로 봉사활동 시간을 졸업의 필수 요건으로 규정하는 곳이 늘어나기 시작했다. 메릴랜드 주에서는 모든 학생이 중학교 3학년부터 시작해 고등학교를 졸업할 때까지 75시간의 봉사활동 시간을 의무적으로 이수할 것을 규정하고 있다. 한국의 경우 고등학교 3년 동안 60시간의 봉사활동 시간을 채워야 하는 곳이 많다. 만약 자녀가 다니는 학교에 봉사활동 이수 요건이 있다면, 아이가 그 시간을 정상적으로 이수하고 있는지 확인해 둬야 한다.

하지만 그런 활동 덕에 아이가 나눔의 정신을 키웠으리라고 단정하지는 말라. 연구 결과에 따르면, 봉사활동을 의무로 규정하고 있는 학교 졸업생들이 성인이 되어 장기적으로 봉사할 가능성은 의무로 규정하고 있지 않은 학교 졸업생들에 비해 오히려 줄었다. 어쩌면 이러한 요건이 아이들에게서 타인을 돕고자 하는 순수한 동기를 빼앗는 계기가 되었을지도 모른다. 시간과 돈을 기부하는 행위는 자기 자신의 신념에 따른 행동이 되어야지 의무가 되어서는 안 된다는 점을 분명히 하자. 또 아이가 개인적으로 중요하게 여기는 가치를 위해 헌신하거든 이를 격려하자.

다른 사람들의 가치관도 함께 존중하도록 안내하자

자녀가 봉사활동에서 돌아온 뒤 식구들의 가치관과 습관을 문제 삼는 바람에 많은 부모가 재밌어하거나 당혹해하고 때로는 화를 낸다는 말을 많이 들었다. 한 아버지가 들려준 이야기에 따르면, 딸아이가 공원에서 청소하는 봉사를 마친 뒤 미국인들이 하루에 사용하는 음료수 빨대가 5억 개에 달한다는 통계를 인용하며 일회용 빨대 사용에 반대하는 운동을 펼치기 시작했다고 한다. 이 아버지는 딸아이가 환경에 관심을 보이는 것에는 기뻐했지만, 자기 동생이 콜라를 주문할 때 전국이 플라스틱 쓰레기로 뒤덮여도 개의치 않을 나쁜 아이라고 비난하는 딸아이가 영 마음에 들지 않았다.

아이들의 주장이 지나치다는 생각이 들 때는 우선 그들의 주장을 인신공격으로 받아들이지 않는 것이 중요하다. 아이들은 그저 그들만의 방식으로 세상을 이해하려고 노력하는 것뿐이다. 만약 아이가 인신공격을 해 오면, 아이에게 자신만의 가치관을 형성한 것은 기쁜 일이나 다른 사람들도 그들만의 가치관을 형성하도록 허용해야 한다고 말하자. 자녀가 독립하고 나면, 가령 과테말라산 견목으로 만든 친환경 베틀로 자기 옷을 해 입고 다니며 친구들에게 탄소발자국에 대해 일장 연설을 한다 해도 괜찮다. 물론, 친구들이 다들 혀를 내두르며 슬슬 피해 다녀도 상관없다면 말이다. 하지만 독립해서 살기 전까지는 부모 집에 사는 만큼, 자동차를 몰고 때때로 음료수를 사 마시며 일회용 빨대를 쓰는 식구들의 행동이 못마땅해도 감내하며 살아야 한다.

◆ 기부 전 점검해야 할 3가지 ◆

자녀가 값비싼 물건을 구매하거나 신용카드를 신청하거나, 또는 투자상품을 선택하기 전에 사전조사를 하라고 가르칠 필요가 있듯이, 기부와 관련해서도 똑같이 행동하도록 가르치는 것이 좋다. 하지만 기부고 뭐고 피곤하다는 생각이 들 만큼 사전조사를 꼼꼼히 할 필요는 없다. 단지 현명하게 기부하는 법은 배워 두는 게 좋다.

❶ 해당 자선단체는 공인된 비영리단체인가?

만약 자선단체에 기부할 생각이라면 이곳이 국세기본법에 의거한 비영리단체인지 확인하라. 이는 기부금을 받아 수익사업을 운영하지 않는다는 의미다. 해당 기관이 등록된 비영리단체인지의 여부는 정부24의 비영리민간단체 명칭조회에서 확인할 수 있다. 국가에서 승인한 단체인지 확인하는 것이 금융 사기꾼들을 피하는 첫 단계다. 이렇게 하면, 예를 들어 동네 슈퍼마켓에서 아이를 데리고 가다가 모르는 사람에게 기부 요청을 받았을 때 성급하게 그 자리에서 기부해 버리는 일을 방지할 수 있다. "제안은 고맙지만, 저는 자선단체에 기부하기 전에 항상 기관에 대해 사전조사를 합니다"라고 정중하게 거절하면 곁에서 이 말을 들은 자녀 역시 좋은 교훈을 배울 수 있다.

❷ 해당 자선단체는 기부금을 현명하게 운영하는가?

자선단체가 어떤 사업을 하는지 또 실제로 얼마나 성과를 내는지 살펴보라. 각 단체의 사이트를 통해 기부금 모금 및 운용 현황을 살펴볼 수 있다.

❸ 해당 자선단체는 성공을 어떻게 평가하는가?

해당 자선단체의 웹사이트는 언급할 것도 없고 그들이 발행하는 연차 보고서와 감사 보고서에서도 다양한 정보를 확인할 수 있다. 만약 더 많은 정보를 알고 싶다면, 수천여 곳의 비영리단체에 대한 자세한 정보를 무료로 제공하는 한국NPO공동회의(npokorea.kr)와 한국가이드스타(guidestar.or.kr)를 확인하면 된다.

대학생

20yrs old

다수의 대학생은 학비, 숙박비, 교재비, 기타 공과금을 제외하고 나면 기부할 돈도 없는 게 현실이다. 그렇다고 기부할 시간도 없다는 말은 아니다. 기부할 경우 부수적으로 얻는 효과도 있다. 대학에 다닐 때 시간을 내 자원봉사를 하면 비영리단체에서 어떤 경력을 쌓을 수 있는지 살펴볼 기회를 얻는다. 기왕 봉사할 거라면 대학생 자녀에게 제대로 하는 법을 알려 주자.

자선활동에 대학의 재원을 이용하라

캠퍼스 내에는 자원봉사 조직도 많고 자원봉사 할 기회도 넘쳐난다. 예일대학교 학생들은 재소자들이 검정고시를 통과하도록 돕는 '프리즌 프로젝트'를 시작했다. 메릴랜드대학교 칼리지파크 학생들은 구내식당에서 많은 음식이 낭비되고 있다는 사실에 주목하고는 푸드 리커버리 네트워크를 조직했다. 이 조직은 해당 음식을 필요한 사람들에게 공급하는 전국적인 조직으로 성장했다. 자녀에게 학교에서 할 수 있는 자선활동이 있는지 찾아보라고 격려하자.

소비의 기부화를 주의하라

일부 기업은 자사의 제품을 구매할 때마다 수익의 몇 퍼센트를 기부하겠다거나 일부 상품을 제공하겠다고 약속한다. 일부 신용카드사들은 고객이 자선단체에 기부한 금액의 일정 비율을 함께 기부하겠다고 약속하기도 한다. 마트에 가면 계산대 직원이 자선단체를 돕기 위해 소액이나마 기부하고 싶은지 물어보기도 한다. 이런 식의 기부가 근본적으로 잘못되었다는 말은 아니다. 이런 시도로 많은 기금이 조성되었고, 이런 시도가 없었다면 기부금은 어려운 사람들에게 전달되지 않고 그냥 사람들 주머니에 그대로 남았을 것이다.

기부하는 방식에 좀 더 신경을 쓰면 훨씬 효과적으로 기부할 수 있다. 이를테면 상품을 구입할 때 돈을 아껴 저렴한 상품을 고르고, 남은 돈을 모아 꼭 지원하고 싶은 단체에 기부하는 것이 더 합리적이지 않을까?

봉사활동을 본인의 재정 활동보다 우선시하지는 말자

대학교 캠퍼스 내의 애타주의와 사회문제에 목소리를 내는 대학생들의 노력에 감동받을 때가 많다. 하지만 지금 당장 직면하고 있는 현실 역시 중요하며, 부모는 가족의 경제 상황에 대해 목소리를 낼 권리가 있다. 대학생 자녀가 여름방학 때 아르바이트라도 해서 학비를 부담해야 할 형편이라면, 냉정하게 들리겠지만 가족의 예산을 고려해 대학생 자녀가 코스타리카의 멸종위기종인 바다거북을 구하는 일에 헌신하는 것은 잠시 단념시키는 게 좋다. 이러한 결정을 내린 것에 대해 부모로서 미안해할 필요도 없다.

만약 학기 중에 자녀가 특정 자선단체나 자선활동에 대한 관심을 드러내거든 응원해도 좋다. 그러나 그가 봉사활동을 위해 학기 중에 아르바이트를 중단하거나 여름에 유급 인턴 자리에 지원하려던 계획을 포기하겠다고 하면, 학비를 부담하는 것이 우선순위라는 사실을 상기시키는 것이 부모의 역할이다. 자선활동에 대한 열정을 꺼뜨리고 싶지 않겠지만, 현실적인 원칙을 정해 둘 필요가 있다. 자녀가 여름에 근무시간 이외의 시간을 활용해 봉사활동을 하겠다고 하면 그렇게 타협을 보는 것도 가능하다.

사회 초년생

24yrs old

20대 초반의 자녀라면 아직 자녀가 없을 테고 다른 식구를 책임지거나 추가로 비용을 부담해야 할 일도 없을 테니 정기적으로 소액이나마 기부하거나 봉사활동을 나가기에 더없이 좋은 때다. 게다가 봉사활동을 하다 보면 세상을 보는 시야도 넓어진다.

취업 준비 중에도 봉사활동을 하라

대다수의 졸업생이 대학을 졸업함과 동시에 취직하기를 바란다. 당신의 자녀도 이와 별반 다르지 않을 테다. 운이 좋다면 곧 취직할 테지만, 그러지 못하면 남는 시간을 자원봉사 활동에 쓰는 것도 좋다. 봉사활동은 남을 돕는 것이지만 자기 자신을 돕는 길이 되기도 한다. 봉사활동을 하는 사람들은 그러지 않은 사람들에 비해 취업 성공률이 27퍼센트나 더 높다. 어쩌면 그리 놀랄 일도 아니다. 왜냐하면 봉사활동을 하는 사람들은 취직하겠다는 투지를 갖고 맡은 일에 집중하는 경향을 보이기 때문이다. 봉사활동을 하다 보면 인맥이 넓어지고, 때로는 이렇게 만나서 알게 된 사람들이 정식 일자리를 주선해 주기도 한다. 또 면접 시에도 "졸업 후 봉사활동을 했습니다"라고 대답하는 것이 "졸업 후 드라마 150편을 시청했습니다"라고 대답하는 것보다는 훨씬 그럴듯하게 들린다.

급여의 일부를 자선단체에 기부하라

이제 막 사회생활을 시작한 청년들은 지출할 데가 워낙 많아서 자선단체에 기부하는 것은 생각도 못 하고 있을지도 모르겠다. 우선 자기 소득의 1퍼센트 선에서 기부를 시작해 보자. 한국 대학 졸업생의 초봉은 평균 3500만 원 선이다. 여기서 1퍼센트면 연 35만 원가량이며, 한 달에 약 3만 원이 된다. 대부분의 청년에게 그 정도는 실행 가능한 수준이다. 자녀가 지출을 규모 있게 관리하게 되거나 얼마 지나서 임금이 인상되면 기부하는 비율을 올릴 수도 있다.

기부와 관련해 성급한 결정은 금물이다

많은 사람이 즉흥적으로 그 자리에서 기부하는 경향이 있다. 어떤 사람이 길을 가던 당신을 세우거나 전화를 걸어서 또는 SNS에 글을 올려서 기부를 권유할 때 곧장 기부 여부를 결정하곤 한다. 그렇게 하면 어떤 결정을 내리든 기분이 찜찜하기 마련이다. 너무 많이 기부하고 나서 피해자가 된 기분이 들거나 또는 너무 적게 기부하거나 아예 하지 않은 것 때문에 죄책감을 느끼곤 한다.

이상하게 들릴지 모르지만, 기부를 결정하기 전에 사전 정보를 수집하는 것이 현명하다. 정보를 수집하려면 대개의 경우 기부 결정을 미루게 되는데 이는 나쁜 행위가 아니다. 예를 들어, 전화로 기부 권유를 받았을 때 상대는 많은 기부금을 관리하는 자선단체에서 고용한 텔레마케터일 수도 있고 금융 사기꾼일 수도 있다. 시간을 두고 알아보라. 그리고 자녀에게 길에서 설문지를 든 어떤 사람에게 기부를 권유받거나 기부를 권유하는 전화가 걸려 올 때는 일단 해당 기관의 팸플릿을 보내 달라거나 인터넷주소를 알려 달라고 하고, 자료를 검토한 뒤에 기부 여부를 결정하겠다고 답하는 게 안전하다고 가르치라. 신뢰할 만한 단체라면 그런 요구에 말꼬리를 잡지 않을 것이다.

기부금 영수증을 보관하라

돈이든 헌 옷이든 또는 오래된 노트북이든 자녀가 자선단체에 기부한 것들은 세금을 신고할 때 기부 내역을 작성하면 세액공제 혜택을 받을 수 있다. 기부금 내역을 기입하지 않는 젊은이가 많지만, 자녀가 상당한 금액을 자선단체에 기부한다면 이를 신고하는 것이 좋다. 만약 물품을 기부한 경우라면 물품의 가치만큼 공제받을 수 있는데, 이 가치는 일반적으로 해당 물건을 실제로 구입할 때 지불했던 가격보다 낮게 책정되기 마련이다. 자신이 기부하려는 자선단체의 홈페이지에 접속해 기부 물품의 가치평가와 관련한 지침을 확인해 보라. 예를 들어 한국의 자선단체인 '아름다운가게'의 경우 판매되고 있는 동일 품목의 평균 판매단가를 기준으로 기부 금액을 산정하며, 판매할 수 없는 물품은 기부금액에 산정되지 않는다.

자녀가 얼마나 많은 세금을 공제받느냐 하는 문제는 과표구간에 따라 달라진다. 자녀에게 규정을 잘 지키고 항상 영수증을 챙겨 두라고 조언하자. 영수증에는 그가 기부한 날짜와 단체명, 기부금액이 적혀 있으며 국세청은 연말정산 때 세금 혜택의 정당성을 입증하기 위해 영수증 제출을 요구하기도 한다.

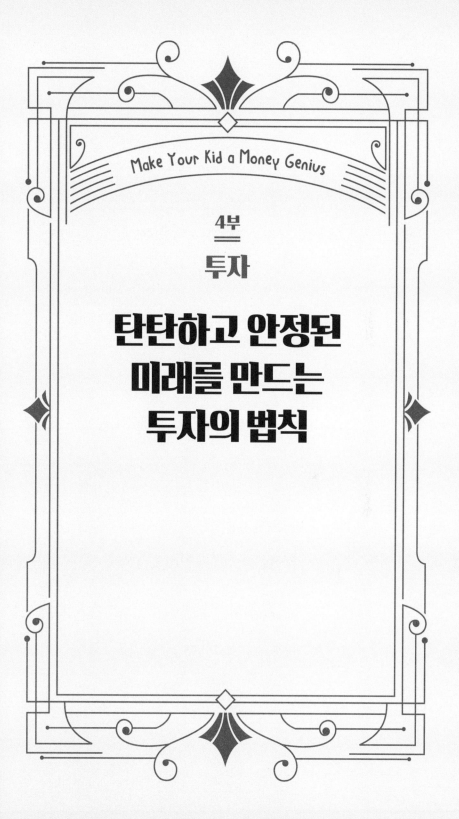

Make Your Kid a Money Genius

4부

투자

탄탄하고 안정된 미래를 만드는 투자의 법칙

9장

보험으로
자신을
보호하라

아이들과 보험 이야기를 한 적이 없다면, 평소에 이 주제가 너무 따분하고 복잡하며 침울한 주제라고 생각하고 있을 것이다. 보험 이야기가 따분하고 복잡하고 침울하다는 말은 맞다. 하지만 가족이 나눌 대화 주제로 적합하지 않다는 생각은 틀렸다. 일단 맞는 부분에 대해 먼저 이야기하고 이어서 그른 부분에 대해 이야기하자.

의료비 공제액이 어떻고, 가입자 부담금이 어떻고 하는 보험 이야기는 확실히 따분하다. 휴대전화나 해외여행 등 구매한 물품부터 자동차 같은 재산, 그리고 건강이나 생명 등 개인의 특질을 비롯한 모든 것을 보호할 수단으로 판매되기 때문에 보험 이야기는 복잡하다. 그리고 무엇보다 보험 이야기는 우울하다. 누가 자동차 사고나 암에 대해 또는 화재나 절도, 재해나 죽음에 대해 생각하고 싶어 하겠는가?

보험으로 손해를 볼 가능성이 높다는 점도 보험 이야기가 재미없는 이유 중의 하나다. 실제로 보험은 기댓값 이상의 비용을 지불하는 상품이기 때문이다. 그러니까 사람들은 1년에 몇 차례 의사에게 치료받는 비용을 감당하려고 질병보험을 들지만, 사실은 보험에 들지 않고 몇 차례 방문할 때마다 현금으로 지불하는 편이 더 이득일 가능성이 높다. 암보험과 같은 질병보험이 필요한 이유는 아주 드문 경우이긴 해도 심각한 질병이나 재해로 발생할 엄청난 의료비용을 감당하려는 것이다. 이런 사고가 닥치면 재정적으로 무너질 수 있기 때문에 반드시 보험이 필요하다. 물론, 막대한 비용을 지불할 일이 결코 발생하지 않기를 바라면서 보험에 가입한다는 것은 아이러니하다.

다시 자녀 교육으로 돌아가 보자. 이렇듯 지루하고 복잡하고 우울한 주제이지만 그렇다고 기피하는 것은 해결책이 아니다. 아이들에게 보험에 대해 아예 가르치지 않으면 장차 보험 가입과 관련해서 어떤 상품을 거절해야 하고, 또 자신이 영리하게 상품을 선택했는지 아니면 속아서 선택했는지조차 분별할 수가 없다.

이번 장에서는 보험에 관해 알아야 할 모든 것을 다룬다. 물론, 이 지식을 아이들에게 전달할 최선의 방법론도 살펴보자. 따분하고 복잡하고 침울한 부분은 되도록 건너뛰고 중요한 이야기만 다루었다. 이제 본론으로 들어가 자녀가 알아야 하는 기본 개념부터 알아보자.

🐄 유아기

4yrs old

유아기 아동도 보험의 기초 개념을 이해할 수 있다. 유아기 자녀에게 핵심을 정확히 전달하는 방법을 살펴보자.

자기와 자기의 물건을 보호하는 방법을 가르쳐라

비 오는 날 아이의 신발을 보호하려고 방수 스프레이를 뿌리거나 코트 소매로 끈을 통과시켜 아이가 장갑을 잊어버리지 못하도록 도와주면서, 자기 물건을 보호하는 방법이 있다는 사실을 아이에게 설명하자. 또 이를 닦는 방법이나 선크림을 바르는 방법을 가르칠 때를 이용해 자기 몸을 보호할 수 있는 방법이 있음을 가르치면 좋다. 미래에 닥칠지 모를 위험에 대비해 현재 어떤 행동으로 자신을 '보호'한다는 개념은 어린아이라도 얼마든지 이해할 수 있다.

가족 비상금을 모아 사고에 대비하라

주방에 빈 유리병을 하나 두고 1000원짜리 지폐와 동전을 수시로 넣어, 일종의 가족 보험을 만들어 두면 예기치 못한 일이 일어났을 때 보험이 유용하다는 사실을 구체적으로 보여 줄 수 있다. 부모는 이 가족 보험을 함부로 쓰지 않도록 주의해야 한다. 또한 돈을 꺼내 썼다면 가능한 한 빨리 도로 채워 넣자. 그러지 않으면 보험으로 예기치 못한 사고에 대비하라는 자신의 가르침을 부모

스스로 훼손하는 셈이 된다.

보험의 유래를 알려 주자

현대의 보험 정책을 처음으로 설계한 이들은 수백 년 전 선박 소유주들이었다. 선박 하나가 침몰하면 배에 실은 모든 것을 잃었다. 그들 중 일부가 함께 모여 이렇게 말했다.

"배가 가라앉으면 우리가 십시일반 모아서 그 비용을 댑시다."

그들은 자신들이 소유한 선박 수에 근거해 각자 부담할 금액을 결정했다. 선박이 많을수록 보험 기금에 불입할 돈이 많았다(현재 우리가 이용하는 보험도 이런 식으로 작동한다. 미리 조금씩 돈을 불입해 하나의 공동기금에 모으고, 이렇게 모은 돈으로 청구된 비용을 지불한다). 그리고 선박 주인들은 회계원을 고용했다. 이 회계원이 훗날 '보험사'가 되었다. 오늘날 사람들은 의료보험부터 주택보험, 유명인의 경우 목소리부터 다리까지 다양한 항목에 대한 보험을 들 수 있다.

 ## 초등학생

8yrs old

초등학생이 되면 보험, 특히 의료보험이 일상에서 어떤 역할을 하는지 이해한다. 일상의 작은 사건을 배움의 기회로 활용해 유용한 교훈을 전달하는 방법을 살펴보자.

자기 물건을 관리하지 않으면 비용이 든다

만약 아이가 일부러 어떤 물건을 망가뜨렸으면 마땅히 벌을 받거나 적어도 야단을 맞아야 한다. 그러나 학교 식당에서 잔반을 처리하면서 실수로 치아 교정 장치까지 함께 버리고 왔다면 어떡하겠는가?(초등학교 5학년 때 내가 그랬다) 또는 친구와 장난치다가 벽에 구멍을 냈다면?(내 남자 형제들이 그랬다) 아이가 속상해할수록 그 판단이 쉽지가 않다. 자녀가 어떤 물건을 처음으로 잃어버렸다면, 물건을 잃어버릴 때마다 비용이 발생한다는 사실을 설명하고 그냥 넘어가는 편이 좋다. 한 번 실수는 누구나 할 수 있다.

그러나 자꾸 물건을 잃어버리면(몇 개월 간격으로 안경을 잃어버리거나 계절이 바뀔 때마다 재킷을 잃어버린다면) 좀 더 책임감을 느끼도록 동기를 부여할 필요가 있다. 물건을 잃어버리거나 망가뜨리면 실제로 비용이 초래된다는 사실을 몸소 체험할 필요가 있다. 아이에게 비용을 지불하라고 요구하되 형편에 따라 유연하게 접근하자. 예를 들어 재킷을 새로 구입하는 비용이 두 달 치 용돈에 해당한다면, 비용 중에 일부를 몇 개월로 나눠 분담하게 하거나 아니면 한 번에 내도록 한다. 부모가 별 어려움 없이 해당 물품을 대체하거나 고쳐 줄 여건이 되더라도 아이에게 가르칠 것은 가르쳐야 한다. 한 친구의 초등학교 4학년짜리 자녀가 도서관 책을 잃어버리고 사서에게 반납 연체 통보를 받았을 때, 내 친구는 딸아이에게 책값을 분담하게 했다. 그 후로 아이는 더 이상 책을 잃어버리지 않았다.

의료보험에 대해 설명하자

해마다 아이를 데리고 정기검진을 받는다면 비용을 계산할 때 아이가 다른 곳을 배회하도록 두지 말고 그 기회를 이용해 관련 사실을 설명하자. 노동자로서 의사가 하는 일에 대해 설명하는 것도 좋다. 의사는 검진하거나 약을 처방해 아이들의 건강을 지키고 유지하는 일을 하고, 우리는 그 대가로 의사에게 돈을 지급한다는 사실을 말해 주자.

초등학생 자녀가 재미있어할 부분은 이제부터다. 영수증에 적힌 비용을 모두 지불할 필요가 없다고 말해 주자. 그리고 의료보험을 통해 평소 부모가 기금을 모아 왔고 국가가 일부를 부담하기 때문이라고 그 이유도 설명하자. 예를 들어 검진을 받고 나서 비용이 15만 원이 나왔다면, 의료보험으로 대부분을 지불하고 나머지 2만 원만 내면 된다고 설명하면 된다. 덧붙여 의료보험을 어떻게 들었는지, 사람마다 금액이나 보장 면에서 어떤 차이가 있는지 알려 주자.

 중학생

14yrs old

보험에 대해 중학생 자녀에게 알려 주면 좋은 두 가지 개념을 살펴보자.

보험은 막대한 손실로부터 우리를 보호한다

정도의 차이는 있지만 사람들은 모두 살면서 위험을 감수한다. 만약 청바지 주머니에 구멍이 난 줄 모르고 다니다가 그 구멍으로 점심값이 빠져나갔다면, 그날 하루는 굶거나 아니면 친구와 샌드위치를 나눠 먹어야 한다. 감기에 걸린 친구와 함께 돌아다니면, 며칠 뒤에는 똑같이 감기에 걸릴 가능성이 있다. 사람들은 대체로 사전에 이러한 대비를 하지 않는다. 보통 이런 자잘한 위험은 그대로 감수하는 편이다. 그러나 최악의 경우에는 큰돈을 잡아먹을 정도로 여파가 크다. 예를 들면, 여행 중에 넘어져 앞니가 몽땅 부러졌다거나 가족이 타고 가던 자동차가 사고 나거나 태풍에 지붕이 날아가 버리는 경우가 그렇다. 이런 위험에 대비해서 우리는 보험을 든다. 의료보험, 자동차보험, 주택보험이 대표적이다. 아이가 더 크면 생명보험도 들어 둘 필요가 있지만, 중학생 아이에게 벌써부터 이런 주제로 호들갑을 떨 필요는 없다.

책임보험의 개념을 알려 주자

흔히 보험이라고 하면 우리가 아프거나 다쳤을 때 또는 물건을 잃어버리거나 도둑맞았을 때 우리를 보호해 주는 것으로 생각하지만, 우리가 다른 사람에게 입힌 손실을 감당하기 위해 보험을 들 수도 있다. 자동차 책임보험은 실수로 다른 사람의 차량에 준 피해나 그 탑승자에게 준 피해를 보상한다. 주택보험의 책임보상 조항에 따르면 거실에 놓인 두꺼운 양탄자에 걸려 이웃사촌이 넘어졌을 경우 그 치료비를 보상받을 수 있다.

"책임보험이 정확히 뭔가요?"라고 자녀가 물어보면 구체적인 사례를 들자. 내 친구 리디아의 고모인 로즈가 미끄러운 정육점 바닥에서 넘어져 엉덩이뼈를 다쳤을 때 정육점 주인은 자기 돈으로 치료비를 전액 지불했다. 만약 그렇게 하지 않았다면, 로즈 고모는 변호사를 고용해 가게를 고소했을 것이다. 그러나 정육점 주인이 미리 책임보험을 들어 놓았더라면 자기 주머니에서 거금이 나갈 일은 없었을 것이다.

한편 그다지 큰 피해를 입지 않았음에도 막대한 보상금을 받으려고 회사를 상대로 천박한 소송을 거는 사람들에 대해 논란이 많다는 이야기도 덧붙이면 좋다. 그런데 정육점 주인이 바닥에 톱밥을 뿌려 두지 않았거나 바닥이 미끄러우니 주의하라는 경고문을 붙이지 않아서 고객이 심각한 부상을 당했다면, 이로 인해 생긴 피해액은 잘못한 주인이 부담하는 것이 공정하지 않을까? 책임보험은 까다로운 주제이지만 자녀와 토론할 만한 가치가 있다.

고등학생

17yrs old

한국에서는 만 16세부터 배기량 125cc 미만의 오토바이 면허 취득이 가능하며, 일반 승용차를 운전할 수 있는 2종 및 1종 보통 운전면허는 만 18세부터 취득 가능하다. 10대 아이들에게 보험이 신나는 주제는 아니지만 운전자보험은 이야기가 다르다. 이때가 자동차보험을 비롯해 여러 보험에 대해 가르칠 절호의 기회다.

자녀가 보험료를 분담하도록 하자

자녀가 부모의 차를 몰든지 자기 차를 몰든지 어쨌든 자동차보험은 필요하다. 자동차보험으로 보장받는 범위를 설명하고, 공제액(보험으로 처리하기 전에 본인이 부담하는 금액)과 보험료(계약자가 보험사에 내야 하는 돈)에 대해 알려 주자. 자동차보험은 기본적으로 책임 보상, 의료비 보상, 충돌 및 기타 사고 보상으로 나뉜다. 책임 보상으로는 사고 후 고소를 당했을 때 법적 비용을 보장할 뿐 아니라 사람을 다치게 했을 경우 의료비와 상대방의 자동차 수리비를 보장한다. 의료비 보상으로는 가입자 본인과 탑승자들의 병원비를 보장한다. 충돌 보상으로는 충돌 사고로 가입자 차량에 발생한 피해를 보상한다. 기타 사고 보상으로는 차량 위로 나무가 쓰러졌거나 하는 경우를 비롯해 충돌 외의 사고로 발생한 피해액을 보장한다. 미국의 일부 주에서는 보험에 가입하지 않은 운전자의 차량과 충돌해 부상을 입거나 차량이 망가졌을 경우에 대비해 무보험 운전자보험을 들 수도 있다.

아이가 특별히 미안해할 필요는 없지만, 부모 보험에 자녀의 이름을 추가하면 적어도 보험료가 두 배로 늘어난다는 사실을 자녀에게 일러둘 필요는 있다. 이런 대화는 반드시 자녀가 자기 차를 갖기 전에 나눠야 한다.

물론, 보험료를 낮추기 위해 자녀가 할 수 있는 최고의 일은 사고를 내지 않고 신호위반 딱지를 떼이지 않는 것이다. 신호위반 요금이나 그의 잘못으로 접촉사고가 일어나 보험료가 인상되면 그 금액은 자녀가 직접 부담한다는 원칙을 세워야 한다. 또 자녀에게 차가 있든 없든 보험료의 일부를 분담하도록 해야 한다. 이렇게 하면 보험이 어떻게 작동하는지 더 분명히 인지할 것이고, 보험료를 낮추려는 노력을 계속하게 된다.

 대학생

20yrs old

아이를 대학에 떠나보낼 때가 되면 아무리 냉정한 부모라도 초조해지기 마련이다. 하지만 다음과 같이 몇 가지 조치를 취하고 나면 마음을 놓을 수 있다. 물론, 자식 걱정을 완전히 놓을 수는 없겠지만 말이다.

자가보험을 고려하라

요즘은 휴대전화부터 항공권, 심지어 신용카드 빚까지 다양한 것에 대해 보험을 들 수 있다. 그러나 이런 종류의 보험은 대부분 없어도 그만이다. 왜 그럴까? 수리비나 교체 비용이 저축한 돈으로 너끈히 감당할 수 있을 정도라면 보험에 들 필요가 없을 테고, 이 범위를 넘어서는 경우에는 비용을 보장받는 다른 수단이 있기 때문이다. 예를 들면 물건값에 포함된 제조업체의 제품보증이 있다.

그러나 이런저런 면책 조항과 책임부인 조항, 또 많은 공제액을 고려하면 보험이 있거나 제품보증 조항이 있어도 피해를 보장받지 못하는 경우가 적지 않다. 일례로, 노트북 보험은 일반적으로 바이러스에 감염되었을 경우 피해를 보상해 주지 않는다. 그러니까 보험설계사에게 어떤 상품을 권유받는다면 일단은 거절하는 게 좋다. 보험으로 보장받지 못하고 자신이 추가로 부담해야 할 비용은 자가보험으로 따로 계좌를 개설하는 것이 가장 이상적이다. 거기에 모아 둔 돈으로 꼭 필요한 수리비나 교체 비용을 지불하면 된다.

소소한 비용을 직접 부담할 경우에 얻는 장점은 또 있다. 만약 도둑맞은 자전거와 같이 몇십만 원밖에 하지 않는 물건 때문에 주택보험의 보상을 청구하면, 공제액이 아주 낮은 경우 보험금을 받는다 해도 그 금액은 많지 않다. 그러나 보험을 갱신할 때가 되면 보험료가 올라갈 가능성이 크고 아예 보험사가 갱신을 거부할 수도 있다. 부당하게 느껴질 수 있지만 세상일이 그렇게 돌아간다. 이 경우 보험사 입장에서는 향후에 더 큰 보상금을 청구할 위험이 있다고 판단한다. 그러니 진짜로 큰돈이 들어갈 때를 대비해 보험금 청구를 아끼도록 하자.

사회 초년생

24yrs old

부모는 늘 자녀를 가까이 두고 보호하고 싶어 하지만, 사회생활을 시작했으면 다 큰 성인이다. 이제는 자녀 스스로 문제를 해결해야 할 시기다. 사회 초년생 자녀에게 필요한 조언을 살펴보자.

의료보험을 확인하라

자녀가 부모의 의료보험에 피부양자로 등록되어 있다면 몰라도 그게 아니라면 다 큰 자녀의 의료비를 책임질 필요는 없다. 한국에서는 국민건강보험공단(nhis.or.kr)에 명시된 피부양자 자격 기준을 통해 자녀가 피부양자 자격을 유지하고 있는지 알아볼 수 있다.

사회 초년생들에게 최선의 선택지는 직장에서 제공하는 보험이다. 직장의료보험은 자녀가 프리랜서 또는 시간제 노동자이거나 실직자일 경우에는 애당초 해당되지 않는 이야기다. 그러나 여러 대안이 있으니 너무 애태울 필요는 없다.

부모가 지역가입자가 아닌 직장의료보험 가입자이고 자녀를 피부양자로 인정받으려면 자녀의 종합소득 금액이 3400만 원 이하여야 한다. 종합소득은 이자소득, 배당소득, 사업소득, 연금소득, 기타소득, 근로소득을 모두 합산한 금액이다. 만일 자녀가 사업을 시작해서 사업자등록이 있는 경우라면 지역가입자로 전환되어 독립된다는 점도 염두에 두자.

생명보험은 아직 필요 없다

생명보험 광고를 보면 가입자가 마치 횡재라도 맞은 사람처럼 보이도록 선전하는데, 생명보험금이란 가입자가 죽고 나서 당사자가 아니라 사랑하는 사람들에게 보상한다. 만약 자녀에게 부양가족이 없다면, 생명보험금은 누구에게 돌아갈까? 생전에 키우던 애완동물에게? 솔직히 말해 아이도 없는 청년들에게 굳이 생명보험을 들라고 주장하는 이들은 열에 아홉이 보험사 직원들이다. 적어도 내가 경험한 바로는 그렇다. 따라서 부모는 자녀에게 아이가 생기기 전까지는 생명보험은 잠시 뒷일로 두도록 조언하고, 애완동물에게 사료나 잘 챙겨 주라고 하자.

보험사 직원들은 이른바 '저축성 생명보험'을 소개하며 돈을 모을 수도 있는 '저축상품'이며 세액 공제 혜택도 있다는 말로 자녀를 꼬드기겠지만, 그 전략에 넘어가지 않도록 주의를 주자. 상품 설명만 들으면 그럴듯하다. 하지만 사회 초년생 자녀에게는 생명보험이 필요 없다. 설령 아이를 낳고 나서 생명보험이 필요해져도, 단순하고 저렴한 조건의 생명보험에 들거나 퇴직연금에 돈을 저축하는 편이 훨씬 낫다.

보편적 위험에 대비하는 보험에 들라

항공여행보험(여행을 떠날 때), 노트북 보험(새 컴퓨터를 살 때), 신용카드 보험(실직에 대비해) 등 혹시 일어날지 모를 일회성 사건에 대비해 보험을 들고 싶을 때도 있다. 하지만 이런 보험은 경제적

9장
보험으로 자신을 보호하라

289

으로 별로 유용하지 않다. 보험에 관한 한 크게 생각하라. 자신의 목숨(생명보험), 건강(의료보험), 재산(주택보험)처럼 삶의 근간을 위태롭게 할 수 있는 항목을 보호해야 한다.

10장
미래의
가치에
투자하라

얼마 전에 브런치를 먹는데 한 여자가 나를 따로 부르더니 열네 살된 자기 아들이 주식시장에 흥미를 갖게 할 만한 좋은 아이디어를 찾아냈다고 자랑했다. 그녀는 아들에게 50만 원을 주고 아들 이름으로 증권계좌를 하나 개설한 뒤 주식을 사라고 했다고 한다. 그리고 "좋은 방법이죠?" 하고 물었다. 하지만 나는 이렇게 답했다.

"글쎄요, 그렇게 생각되지 않는데요."

만약 주가가 떨어지면 그녀의 아이는 투자란 귀가 얇은 사람들이나 하는 놀이라고 결론짓고 주식시장을 외면할지도 모른다는 문제가 있다. 반대로 주가가 오르면 자기에게 감각이 있다고 생각하고 더 큰 돈을 걸게 될 텐데, 이는 훨씬 더 심각한 문제다. 그 아이가 수익을 내든지 손해를 보든지 올바른 교훈을 얻기란 힘들다는 이야기다.

이 어머니가 전적으로 틀렸다는 의미가 아니다. 아이들도 투자에 대해 배워야 한다. 단, 투자가 무엇인지 제대로 배워야 한다. 자신이 경제 전문가임에도 자녀에게 쉽게 풀어서 설명하는 데 어려움을 느끼는 부모나, 가치주와 성장주가 무엇인지 구별하지 못하는 부모도 이번 장에서 아이에게 투자에 관해 가르치는 방법을 배워 보자.

'어렵고 복잡한 이야기는 다 넣어 두고 아이에게 그냥 저금통이나 은행 계좌에 돈을 보관하도록 가르치면 안전하지 않은가'라고 의문을 품을지도 모른다. 그렇게 돈을 보관하는 것이 실상은 안전하지 않다는 게 문제다. 도둑이 돈을 훔쳐 갈지도 모른다는 이야기가 아니다. 나는 지금 인플레이션, 즉 시간이 지나면 물가는 오르기 마련이라는 이야기를 하고자 한다. 만약 은행에 넣어 둔 돈이 인플레이션과 엇비슷한 비율(지난 30년간 연평균 3퍼센트가량 증가)로 수익을 내지 못하면 구매력이 감소한다. 인플레이션을 이기는 투자상품 중의 하나가 주식이다. 물론 아무도 장담하지는 못하지만 길게 봤을 때 이런 추세가 계속되리라는 것이 전문가들의 견해다.

'좋은 이야기인 건 알겠지만 아이가 주식에 투자할 만한 돈을 모으기까지는 한참이나 먼 이야기니 투자 교육 부분은 건너뛰어도 괜찮지 않을까?'라고 생각하는 부모가 있을 수도 있다. 그러나 유감스럽게도 내 생각은 다르다. 자녀가 안정된 직장을 얻거나 종잣돈을 모을 때까지 투자 이야기는 미뤄도 된다고 생각할 법도 하다. 하지만 투자 교육을 뒤로 미룰수록 큰 이점을 놓치게 된다. 바로 '아이가 투자한 돈이 불어날 시간'이 그것이다. 아이가 일찌감치 투자의 기본 원칙을 배우고 어렸을 때부터 소액이나마 투자하게 가르치면 장차 자녀에게 값진 선물이 될 것이다. 아이가 당장은 돈이 없어도 투자 교육을 통해 주식시장에 익숙해지면 나중에 돈이 생겼을 때 투자 기회를 놓치지 않을 것이다.

부모 본인이 주식시장을 잘 모르고 평생 한 번도 주식을 사 본 적이 없더라도 두려워할 필요는 없다. 대다수 사람은 실력 있는 주식 중개인이나 소식통이 있으면 돈이 되는 종목을 확실히 알 수 있을 거라고 착각한다. 이번 장에서는 가장 중요하게 여겨야 할 투자 지침 몇 가지를 소개하려고 한다. 자녀에게 이 지침을 전수한다면 단언컨대, 대다수 투자자보다 당신의 아이가 훨씬 똑똑한 투자자가 되리라 믿어도 좋다.

◆ 어디에 돈을 투자해야 하는가? ◆

아래의 도표는 만약 1985년에 당신이 120만 원을 다음 네 가지 방법으로 처리했다고 가정했을 때 각각의 수익률을 대략 계산한 수치다. ① 주식시장에 투자한 경우, ② 채권에 투자한 경우, ③ 저축 계좌에 예금한 경우, ④ 저금통에 보관한 경우.

1985년에 120만 원을 투자했을 경우	평균 수익률*	30년 후
주식(S&P500)	11.0퍼센트	2730만 원
채권(바클레이즈 캐피털 미국 채권종합지수)	7.2퍼센트	900만 원
저축 계좌	3.6퍼센트	320만 원
저금통	0퍼센트	120만 원**

* 1985~2015년까지 연 복리 총 수익률로, 인플레이션을 조정하지 않은 수익률이다.
** 인플레이션 조정을 거치면, 저금통에 보관한 돈은 가치가 하락하게 된다. 실제로는 약 55만 원에 불과하다.

한 가지 유의할 점이 있다. 보시다시피 주식은 확실히 장기적으로는 나머지 선택지보다 수익률이 앞서지만, 연도별로 따지면 아주 많은 돈을 잃었을 수도 있다. 일례로 2008년 한 해 동안 증시는 37퍼센트나 곤두박질쳤다. 그런 까닭에 나는 단기적으로 필요한 자금은 절대 주식에 투자하라고 권하지 않는다. 그래도 전반적으로 보면 주식시장에 장기간 투자했을 때 다른 방법보다 훨씬 많은 이익을 챙겼을 확률이 높다. 일반적으로 수익이 높으면 위험도가 높다.

 # 유아기

4yrs old

유아기 자녀에게 주가수익률에 대해 길게 설명하는 사람은 없을 것이다. 하지만 유아기 자녀에게도 아래와 같은 이야기를 통해 투자 개념을 가르칠 수 있다. 이는 한마디로 세상을 바라보는 방식에 대한 이야기다.

현재의 작은 투자는 미래에 결실을 맺는다

아이에게 동화 『빨간 암탉』을 읽어 주자. 오래된 전래동화라서 판본이 다양하지만 핵심은 동일하다. 암탉은 밀알로 빵을 만들려고 시간과 노력을 기울였다. 밀알을 심고, 가꾸고, 베고, 가루로 빻아 반죽을 만들었다. 그러는 동안 암탉의 친구들은 게으름을 피우며 암탉을 전혀 도와주지 않았다. 그러더니 빵이 완성되고 먹을 때가 되어서야 집 안에 들어왔다. 빨간 암탉은 게으름뱅이 친구들과 빵을 나눠 먹을 생각이 없다며 단호하게 거절했고, 친구들은 깨달음을 얻었다. 장기적 관점에서 시간을 투자하고 부지런히 일한 빨간 암탉은 그 결실을 거뒀다. 자녀가 퍼즐이나 미술 공작품을 완성했을 때 '투자자'의 개념을 도입해 이런 식으로 말해 보자.

"와, 정말 오랜 시간과 노력을 투자해 만들어 낸 결실이구나!"

아이와 함께 나무를 심거나 씨앗을 뿌려 보자

어린아이들은 미래에 대한 개념을 이해하기가 쉽지 않기 때문에 투자에 관해 교육하기가 힘들 수 있다. 곧바로 돈이나 투자에 관해 이야기하기 전에, 씨앗이 자라서 꽃이나 채소로 변하는 과정을 아이가 눈으로 관찰하게 하면서 미래에 수확을 얻는 투자 개념에 대해 설명하는 것이 좋다. 씨앗이 자라 예쁜 해바라기 꽃이 피고 빨간 토마토로 변하기까지는 시간이 걸린다는 사실, 또 결실을 보려면 거름과 물을 '투자해야' 한다는 사실에 관해 이야기해 보자.

이 개념을 공동체 개념으로도 확장할 수 있다. 아이와 함께 대형 슈퍼마켓 체인점 대신 가까운 동네 슈퍼마켓에 갈 때면, 동네 주민이 운영하는 작은 가게에서 물건을 사는 것이 동네 주민에게 투자하는 것이고 이는 결국 자신이 사는 마을에 투자하는 것임을 설명하자.

초등학생이 되면 기초적인 투자 개념에 관해서 부모가 생각하는 것보다 더 많은 것을 이해할 수 있고, 이에 대해 재미있어하는 아이도 의외로 많다. 초등학생 자녀에게 기본 개념들을 설명하는 방법을 살펴보자.

주식은 회사의 일부를 소유할 수 있는 방법이다

아이와 함께 디즈니 영화를 보거나 코카콜라를 마실 때면 이 기회에 주식에 관해 이야기하면 좋다. 초등학교 3~4학년쯤이면 기본적인 투자 개념은 얼마든지 이해할 수 있다. 아이가 좋아하는 많은 것이 기업에서 만든 제품이라는 사실부터 이야기를 풀어 나가자. 예를 들어 디즈니에서는 아이가 즐겨 보는 만화 영화 「미키마우스」를 만들고, 코카콜라 회사는 아이가 좋아하는 콜라를 만든다. 이렇게 여러 회사에서 제품을 만들어 사람들에게 판다. 제품을 만드는 데는 자금이 필요하고, 자금을 조달하기 위해 많은 회사가 주식이라는 것을 판다. 사람들이 주식을 구입할 때 이들은 이 회사에 투자하는 것이고, 이는 그 회사의 일부를 소유하는 행위다. 지금 당장은 이런 지식으로 초등학생 자녀가 할 수 있는 게 별로 없겠지만, 주식을 구매하는 행위가 재정적으로 어떤 의미가 있는지 큰 그림을 그릴 수 있다는 게 중요하다.

달걀을 한 바구니에 담지 말라

햄버거만 파는 레스토랑의 사장님이 됐다고 아이에게 상상해 보라고 하자. 사람들이 레스토랑에서 햄버거를 즐겨 먹는 한 많은 돈을 벌 수 있다. 그런데 소들이 병들었다는 소문이 퍼져 나가면서 더 이상 햄버거가 안전한 먹거리가 아니라고 사람들이 의심한다면 어떻게 되겠는가? 또는 사람들이 감자튀김도 먹고 싶다고 말하며 햄버거 외에 다른 메뉴도 파는 레스토랑으로 발길을 옮긴다면 어떻겠는가? 여기서 핵심은 레스토랑에 햄버거 외에도 사람들이 먹고 싶은 음식이 몇 가지는 준비되어 있어야 한다는 것이다.

이 이야기는 '분산투자'라는 중요한 투자 개념을 보여 준다. 주식에서 말하는 분산투자 원칙이란 이렇다. 이를테면, 당신이 어느 도넛 회사의 주식만 잔뜩 구입한다고 치자. 이는 장차 그 회사의 도넛이 크게 인기를 얻을 거라 믿고 거액의 판돈을 몽땅 이 회사에 거는 것이다. 반면에 여러 회사의 주식에 두루 투자한다면 돈을 몽땅 잃어버릴 위험은 줄어든다. 일부 기업의 주가가 추락하더라도 다른 기업의 주식이 받쳐 주면 전반적으로 괜찮은 수익을 낼 수 있기 때문이다.

아이와 함께 복권을 사 보라

많은 돈을 가장 빨리 벌 수 있는 제일 좋은 방법이 무엇이냐고 아이들에게 물어보면 대부분 '복권 당첨'이라고 답할 것이다. 만약 자녀에게 복권 당첨에 대한 열망이 있다면 비싼 대가를 치르고 교훈을 배우게 하자. 아이가 원하거든 당첨금이 많이 걸렸을 때 자기 용돈으로 로또를 사게 하자. 물론 로또는 만 19세 이상의 성인만 구입 가능하므로 부모가 대신 구입해 준다. 그리고 낙첨이 되거든(아마 앞으로도 그럴 테지만) 로또 1등에 당첨될 가능성이 800만 분의 1도 안 된다는 사실을 설명해 주라. 즉, 지극히 확률이 낮은 만큼 복권은 돈 낭비다.

몇 해 전 《뉴욕타임스》는 일확천금을 노리며 매주 50~70만 원을 들여 복권을 구입하는 한 사람에 대한 기사를 게재했다. 이 기사를 접한 나는 습관적으로 그 돈을 주식 펀드에 투자했더라면 얼마나 수익을 냈을지 너무 궁금해 계산을 해 보았다.

그가 주당 평균 60만 원을 지출한다고 치면, 1년에 약 3200만 원이다. 이제 그의 투자상품이 연 7퍼센트의 수익을 올린다고 가정하자. 10년이면 4억 8000만 원이 훌쩍 넘고, 18년이 안 되어 12억 원을 벌 수 있었을 것이다. 불가능에 가까운 일이나 즉석 복권 같은 것은 필요하지 않다. 복권 당첨을 꿈꾸는 아이가 있다면 다음의 글 '벼락 맞을 확률과 로또 당첨 확률'을 참고하기 바란다.

◆ 벼락 맞을 확률과 로또 당첨 확률 ◆

만약 아이가 복권 당첨이 부자가 되는 최선의 길이라고 생각한
다면 다음의 도표를 보여 주라. 거액의 복권에 당첨될 확률과 아이
가 평생 한 번도 겪어 보기 어려운 사건의 확률을 비교한 자료다.

희박한 일	가능성
벼락에 맞기	1만 2000분의 1
고교 농구선수로서 올림픽에 출전하기	4만 5000분의 1
영화 스타가 되기	120만 분의 1
상어에게 물려 죽기	370만 분의 1
로또 1등에 당첨되기	815만 분의 1

 중학생

14yrs old

중학생들의 관심을 살 수 있는 주제가 하나 있는데, 바로 '돈 벌
기'이다. 중학생들은 대개 다소 황당한 사업 아이디어들을 떠올리
며 돈을 버는 상상을 하는데, 돈으로 돈을 벌어들이는 방법에 대
해 이야기해 주면 아이들의 호기심을 자극할 수 있다.

복리는 당신을 하루아침에 부자로 만들 수 있다

복리 현상은 세계 8대 불가사의라고들 한다. 우리가 돈을 투자
하면 원금, 즉 처음 불입한 금액에 이자가 붙는다. 굉장한 일이다.

하지만 더 놀라운 일은 우리가 벌어들인 이자에도 이자가 붙는다는 사실이다. 그리고 시간이 흐르는 동안 계속 이자에 이자가 붙는다. 그것이 복리이고, 이런 방식으로 돈은 빠르게 늘어난다. 일설에는 알베르트 아인슈타인조차 이 복리에 대해 경탄했다고 한다. 복리 방식의 놀라운 점은 돈을 오래 투자할수록 돈이 더 많이 붙는다는 것이다. 자녀에게 일찌감치 복리의 원리를 가르치는 것이 중요한 까닭이다. 포털사이트에서 제공하는 복리계산기를 이용해 아이에게 구체적으로 수익을 보여 줄 수 있다.

아이가 열 살 때부터 매월 9000원(매일 300원씩)을 저축하고 매년 평균 7퍼센트의 이자 수익을 벌었다고 가정하자. 그 아이가 65세가 될 무렵에는 세금을 제하고도 약 6000만 원으로 늘어나게 된다. 만약 아이가 35세가 되어서야 저축을 시작했다면 고작 1000만 원도 벌지 못했을 것이다.

일찍 시작할수록 이득이다. 다만, 복리는 양날의 검이어서 만약 돈을 빌린 경우라면 갚아야 하는 원금뿐 아니라 이자에도 또 이자가 붙는다는 사실에 주의해야 한다. 이런 까닭에 신용카드로 물건을 구입하고 오랜 시간에 걸쳐 그 돈을 상환하는 것은 어리석은 일이다. 부채에 대한 자세한 내용은 6장을 참고하기 바란다.

'72의 법칙'을 알라

자녀가 나눗셈을 알면 복리로 투자했을 때 몇 년이 걸려야 원금이 두 배가 되는지 간단한 공식으로 보여 줄 수 있다. 72를 수익률로 나누면, 원금이 두 배로 늘어나는 데 걸리는 햇수가 나온다. 예를 들어 금리 8퍼센트인 계좌에 돈을 투자하면, 72를 8로 나누면 9이므로 9년이면 돈을 두 배로 불릴 수 있다는 계산이 나온다. 수학적으로 이 법칙을 설명할 수도 있지만 자녀는 이 법칙이 실제 거래에서 통한다는 사실만 알면 충분하다.

인플레이션에 대비하라

대부분의 아이(와 부모)에게 인플레이션 문제는 그들의 삼촌이 겨울철이면 심해지는 요통에 대해 불평을 늘어놓는 것만큼이나 재미없는 이야기다. 하지만 이번 장을 시작하면서 설명했듯이 인플레이션을 무시할 경우 장기적으로는 자녀의 구매력을 떨어뜨리는 셈이다. 아이에게 이렇게 설명해 보자. 시간이 흐르면 우리가 사는 모든 물건값은 오르는 경향이 있다. 예를 들어, 요즘에는 허쉬 초콜릿 바 한 개가 1000원이지만 1970년에는 100원에 불과했다. 45년 전과 달리 오늘날엔 1000원으로 살 게 별로 없다. 그러면 자녀가 소유한 돈의 가치가 떨어지지 않게 보호할 수 있는 방법이 있는가? 매년 최소 3퍼센트의 이자를 받을 수 있는 곳에 저축하는 것이다.

물론, 모든 물품의 가격이 똑같은 비율로 상승하지는 않는다. 인플레이션 상승률보다 더 많이 오르는 품목도 있고, 그렇지 않은 품목도 있다. 그러나 앞서 언급했듯이 지난 30년간 평균 물가상승률은 약 3퍼센트다. 반면 오늘날 은행예금의 이자는 대개 1퍼센트

미만이다. 그렇기에 투자가 매우 중요하다. 자녀에게 인플레이션 개념을 가르쳐야 하는 이유이기도 하다. 만약 자녀가 특정 금액의 가치가 시대에 따라 어떻게 달라지는지 알고 싶어 하면, 포털사이트에 인플레이션 계산기를 검색하여 활용하길 바란다.

인플레이션을 이해하면 퇴직연금의 일부를 주식에 투자할 필요가 있음을 설명하는 데도 도움이 된다. 자녀는 앞으로 구두 한 켤레가 몇천 원밖에 하지 않던 1950년대 이야기를 할머니나 할아버지가 꺼내려고 하면 깔끔하게 반박할 수 있을 것이다.

"할아버지 말씀이 사실이더라도, 인플레이션을 고려하지 않으셨잖아요. 사람들의 소득이 훨씬 적었다는 사실도요!"

◆ 투자가 필요한 이유 ◆

실제 사례를 통해 인플레이션의 정체를 보여 주는 것이 가장 효과적이다. 다음 도표를 보며 인플레이션 상승에 맞서 돈의 가치를 지키려면 투자가 필요하다는 이유를 설명해 보자.

품목	1970년 가격	2016년 가격
바비 인형	3600원	1만 2000원
축구공(공식 규격)	6천 원	3만 6000원
레고 세트(대략 350조각)	8400원	3만 6000원
영화표	1800원	1만 원
4년제 국립대학 등록금, 기숙사비, 식비	170만 원	2377만 원
신형 자동차(평균가)	426만 원	4140만 원
주택(평균가)	3132만 원	3억 3300만 원

주식 게임이 실전 투자 기술을 가르쳐 주지는 않는다

요즘 미국에서는 주식 게임이 전국 각 학교에서 대유행이다. 과외 활동이나 심지어 수업 중에도, 비록 가상으로 돈을 투자하는 것이긴 해도 실제 주식을 대상으로 학생들이 포트폴리오를 구성한다. 주식 투자 캠프도 함께 유행하고 있다. 캠프 관계자들은 자녀를 2주 동안 이곳에 보내면 믿음직한 투자의 달인이 되어 집으로 돌아간다고 선전한다.

이런 수업이나 과외 활동, 주식 투자 캠프에서 일관되게 고취하는 투자 원칙이 있다. 주식을 공부하면 돈이 되는 주식을 고를 수 있다는 생각이다. 하지만 이 주장에는 두 가지 문제가 있다. 기업의 주가를 추적하며 가격이 오를지 내릴지 분석하는 전문가들이 수천 명이나 있지만, 그들의 예측이 자주 빗나간다는 사실이다. 자녀가 주가가 오르는 종목을 줄곧 제대로 고르기 위해서는 이 전문가들의 분석을 모두 합친 것보다 더 많이 알아야 한다는 뜻이다. 하지만 자녀가 금융 전문 방송 채널을 아무리 즐겨 보더라도 이는 불가능한 일이다.

이런 게임과 주식 투자 캠프가 안고 있는 더 큰 문제는 단기간에 승부를 보는 방식이라는 점이다. 참가자들은 대체로 몇 주 또는 몇 개월 안에 경쟁자들보다 더 많은 수익을 올릴 수 있는 주식을 골라야 한다. 이는 그만큼 위험한 주식을 선택해야 한다는 뜻이다. 그런데 정작 현실 세계에서는 장기 분산투자 전략이 수익을 낼 확률이 더 크다. 물론, 주식 게임은 아이에게 재미를 주고 투자에 흥미를 불러일으킨다는 장점이 있다. 하지만 아이를 위해《월 스트리트 저널》을 신청해 주고 멋진 서류가방을 선물로 주며 모건 스탠리 회사로의 입사를 꿈꾸기보다는 실제로 득이 되는 정보를 가르쳐야 한다. 그러기 위해서는 다음 지침을 살펴보자.

인덱스펀드는 가장 간단하고 영리한 투자 방법이다

지금쯤이면 개별 주식에 투자하는 것이 귀가 얇은 사람들에게 나 어울리는 선택이라는 나의 굳은 신념을 당신도 이해했으리라 본다. 그런데 인덱스펀드는 또 뭐냐 싶을 테다. '사물함 비밀번호 도 간신히 외울 중학생 아이들과 이런 주제로 대화하라고?' 하며 내 말이 정신 나간 소리로 들릴 수도 있다. 하지만 내가 알기로 중 학생 아이들은 실제로 인덱스펀드 투자와 관련한 기본 개념을 이 해할 수 있을 뿐만 아니라 배우고 싶어 한다.

앞서 이야기했듯이 분산투자, 즉 하나의 주식보다는 여러 주식 에 투자하는 방법은 위험을 줄인다. 일부 주식의 가격이 떨어지더 라도 반대로 오르는 주식도 있기 때문이다. 투자를 분산하는 최적 의 방법은 한 번에 몇백 개 또는 몇천 개의 주식에 투자하는 것이 다. 그렇게 할 수 있는 가장 간단한 방법이 이른바 지수(인덱스)를 이용하는 것이다. 유명한 주가지수인 다우존스 산업평균지수는 30개 우량기업의 주가를 추적한다. 또 다른 지수인 S&P500지수 는 500개 대기업 주가를 추적한다. 심지어 4000개에 달하는 기업 의 주식가격을 추적하는 지수도 있는데 바로 CRSP 미국 전체시장지수다.

인덱스에 투자하는 가장 간단한 방법은 인덱스 뮤추얼펀드라는 것을 구입하는 것이다. 많은 투자자의 돈을 모아 투자하는 상품으로 특정 지수를 구성하는 여러 기업의 주식에 투자된다. 예를 들어 S&P 인덱스 뮤추얼펀드라고 하면 투자자들에게 돈을 거두어 해당 지수를 구성하는 여러 기업의 주식에 투자하는 상품이다. 물론, 중학생들은 대체로 진짜 돈을 투자할 준비가 되어 있지 않다. 그러나 아이들에게 실제로 투자 효과가 좋은 방법에 대해 생각해 보는 시간을 주는 것만으로도 충분하다.

딸아이와 투자에 대해 이야기하자

자신이 아무리 진보적이라고 자부하는 사람이라도 투자에 대해 이야기할 때 무의식적으로 딸아이는 제외시키고 있지 않은지 점검하라. 최근 노스캐롤라이나대학교와 텍사스대학교에서 8~17세 청소년을 대상으로 진행한 조사 결과에 따르면, 부모들이 딸아이보다는 아들과 투자에 대해 이야기할 가능성이 높은 것으로 나타났다. 이 때문인지 몰라도 22~35세의 성인을 대상으로 설문조사한 결과, 은퇴를 위해 저축을 시작했다는 응답이 남성은 61퍼센트로 나타났지만 여성의 경우에는 56퍼센트에 그쳤다. 물론, 여성의 소득이 여전히 남성에 비해 적다는 사실도 이 결과에 영향을 미쳤겠지만 투자에 대한 정보가 부족한 것 역시 연관이 있는 것으로 보인다.

고등학생

17yrs old

10대 후반의 아이들은 아르바이트로 돈을 버는 경우가 많다. 고등학생이 되면 돈을 저축하는 데 그치지 않고 장기적 관점에서 투자하는 것에도 관심을 지니도록 격려하자.

착한 기업에 투자하라

최근 연구에 따르면 요즘 젊은 세대는 사회적 가치를 표방하는 기업들의 제품을 구매하는 데 큰 관심을 보이고 있다. 그런 젊은 이라면 투자와 관련해서도 사회적 가치를 실현할 수 있는 방법을 찾을 수 있다.

자녀가 환경 문제에 관심이 많고 흡연을 싫어한다면 사회책임 투자(SRI) 펀드에 관해 자연스럽게 대화를 풀어갈 수 있다. 사회책임투자 펀드는 담배나 무기를 제조하는 기업은 투자에서 제외하고, 직원 복지를 중시하는 기업과 인권을 보호하는 다국적 기업, 에너지 보존이나 환경 보호에 관심을 쏟는 기업 위주로 펀드를 구성한다. 이런 펀드를 선택하면 자녀는 자신의 가치관을 고수하면서 투자할 수 있다. 이때 부모는 자녀가 말만 번지르르한 광고에 현혹되지 않도록 도와줄 필요가 있다. 항상 그렇지만 수수료를 부과하고 비용지급비율(자산 중에서 매년 영업비와 관리비를 지불하기 위해 필요한 부분의 비율-옮긴이)이 높은 펀드는 피하라.

 **대학생**

일반적으로 대학 학자금은 자녀들과 관련해서 부모가 치르는 비용으로는 가장 큰 금액이지만 가장 큰 투자가 될 수도 있다. 대졸자의 경우 그렇지 않은 사람들보다 평균적으로 소득이 많은 것으로 나타났다. 물론, 대학생들은 투자 계좌에 돈을 넣을 여유가 거의 없겠지만 그래도 다음과 같은 투자 개념을 숙지하도록 가르치는 게 좋다.

자신의 주름진 얼굴을 상상해 보라

스탠포드대학교의 연구 결과에 따르면 젊은이들이 저축을 열심히 하지 않는 데는 다른 이유도 있겠지만 자신이 언젠가 노인이 된다는 사실을 실감하지 못하기 때문이라는 사실이 드러났다. 스탠포드대학교 가상현실연구소에서는 A 그룹의 대학생에게는 현재의 모습 그대로 그들의 아바타를 제시했고, B 그룹에는 70세 노인이 된 모습으로 그들의 아바타를 제시했다.

실험 참가자들은 자신의 아바타를 조종하며 같은 방 안의 다른 아바타들과 소통했다. 두 그룹의 학생들에게는 여러 질문이 주어졌다. 예를 들면, 예기치 않게 100만 원을 얻었을 때 이 돈을 어떻게 쓸지, 그러니까 사랑하는 사람의 선물을 살지 아니면 퇴직연금 계좌에 투자할지, 또는 재미난 이벤트에 써 버릴지, 예금계좌에 넣어 둘지 묻는 문항이 있었다.

놀랍게도 70세의 아바타를 자신의 모습으로 생각하는 학생들은 현재 나이의 아바타를 조종하는 학생들보다 퇴직연금에 두 배 이상의 금액을 저축했다. 이른 나이에 노인이 되어 본 학생들이 노후를 준비하는 데 적극적이었다. 이처럼 자녀들이 자신의 50년 이후의 삶을 떠올리며 노후 준비에 대한 마음가짐을 다잡도록 격려하자.

학생은 학교의 기금 투자 방식에 참견할 권리가 있다

1980년대에 남아공의 인종차별 정책에 반대해 기업들이 남아공에 대한 투자를 철회한 사건은 큰 화제였다. 오늘날 대학생들은 그들이 다니는 학교의 기금을 화석연료 사업에 투자하지 말라고 요구하고 있으며, 일부 유명 대학들은 이러한 요구를 수용했다. 만약 자녀가 이 문제에 관심을 보이면, 환경 친화적 사업과 인권을 중시하는 기업에 대한 학생들의 신념이 사회에 유의미한 영향을 미칠 수 있다는 사실을 보여 주자.

저축한 돈을 펀드에 투자하라

대학생들은 대부분 여윳돈이 없기도 하고 돈을 투자해 손실을 보고 싶어 하지 않는다. 장기적 관점에서 볼 때 주식 투자가 은행 계좌 예금보다 훨씬 이득이지만 주식의 경우 해마다 수익률이 오르락내리락하는 것도 사실이다. 아무래도 대학생은 그들이 저축한 돈으로 그런 수준의 위험을 무릅쓸 형편은 못 된다. 머니펀드로도 알려진 머니마켓펀드(MMF)는 은행 저축계좌에 대한 대안으로 고안된 뮤추얼펀드다. 머니펀드는 안전하고 안정적이며 유동적이다. 필요할 때 언제든지 불이익 없이 돈을 인출할 수 있다는 뜻이다.

예전에는 머니펀드에서 얻는 이자 수익도 은행 저축계좌 수익보다 높았다. 머니펀드는 은행 계좌와 달리 예금자보호법의 보상대상이 아니지만, 손실 위험이 매우 낮은 편이다. 근래에는 머니펀드 이자율이 은행의 저축계좌와 비슷한 수준이거나 심지어 일부상품은 은행예금보다 이자가 낮은 경우도 있다. 그러나 투자의 롤러코스터를 타 본 사람은 알겠지만 내려간 것은 다시 올라오기 마련이다. 미래 일을 장담할 수는 없지만, 지금 어린 자녀가 대학에 입학할 때쯤이면 머니펀드 수익률이 다시 올라갈 수도 있으니 머니펀드에 대해 알고는 있어야 한다. 한국의 경우, 금융투자협회에서 운영하는 펀드다모아(fundamoa.kofia.or.kr)에서 머니펀드 상품을 비교해 볼 수 있다.

사회 초년생

24yrs old

신입 연봉으로 학자금대출도 갚고, 월세와 생활비까지 내야 하는 처지에 놓인 사회 초년생들에게 투자는 꿈에서나 가능한 일일지 모른다. 비록 푼돈일지라도 부모는 자녀가 다음과 같은 원칙에 따라 투자를 시작할 수 있도록 격려해야 한다.

감당 가능한 리스크가 얼마인지 판단하라

20대 젊은이들이 주식 투자를 두려워하는 편이라는 설문조사 결과가 있는데 그럴 만도 하다. 경제는 위험하게 휘청거리고 월스트리트에 대한 비난이 쏟아진다. 젊은이들 가운데 대다수가 시장이 소액 투자자들에게 불리하게 조작되었다며 비통해하는 기성세대의 말을 들으며 자랐다. 내가 보기에 투자에 대한 청년층의 두려움과 혐오감을 더없이 명쾌하게 요약한 사람은 젊은 경제 전문 기자인 라이언 쿠퍼Ryan Cooper이다. 그는 《더 위크》에서 이렇게 이야기했다.

"퇴직연금 안내 책자를 바라보기만 해도 악마가 뜨거운 손가락으로 내 목구멍을 틀어막는 기분이다. 어떤 투자상품이 나에게 가장 적은 피해를 입히는지 따져 보니 차라리 가난하게 죽겠다."

나는 지금까지 여러분의 자녀가 주식에 투자해야 할 이유에 대해 분명하게 전달했다고 생각한다. 얼마나 투자하느냐는 자녀의 나이와 목표, 그리고 리스크 감수 정도에 따라 다르다. 흔히 숫자 100에서 자기 나이를 뺐을 때 남은 수만큼 주식에 투자해야 하고, 나머지는 채권과 머니펀드에 투자하는 게 좋다고들 한다. 다른 원칙과 마찬가지로 이 투자 원칙 역시 자신의 상황에 따라 달라지겠지만 신규 투자자에게는 유용한 길잡이가 될 수 있다. 은퇴 시점이 다가올수록 투자 리스크를 줄여야 한다는 것이 이 원칙의 요지다. 단기 목표, 이를테면 5년 안에 주택 구매 계약금을 마련하기 위해 주식에 투자하는 것은 권하지 않는다. 투자는 장기적으로 돈을 굴릴 수 있는 사람들에게 적합하다.

회사에서 퇴직연금제도를 운용한다면 적극 활용하자

퇴직연금은 한마디로 공짜 돈이다. 자녀가 다니는 회사에서 퇴직연금제도를 운용한다면 자녀의 연봉이 아무리 작아도 당연히 퇴직연금에 돈을 불입해야 한다. 회사에서 보조해 주는 돈을 왜 마다하는가? 한국 기업에서 직원들에게 제공하는 퇴직연금 상품은 보통 확정급여형(DB), 확정기여형(DC), 개인형(IRP) 등 세 가지로 나뉜다.

회사가 퇴직연금에 가입했다면 근로자는 근무한 지 만 1년 차에 이 중에서 하나를 선택할 수 있다. 확정급여형은 근로자의 퇴직연금 자금을 회사가 금융회사에 맡겨 운용하고, 향후 근로자가 퇴직할 때 기존에 정해진 금액을 지급한다. 퇴직연금 운용을 맡은 금융회사가 자금을 어떻게 운용하든 근로자가 받는 퇴직금 액수는 그대로라는 점이 장점이자 단점이다. 확정기여형은 근로자 결정에 따라 금융기관이 퇴직금을 운용하기 때문에 퇴직금액이 더 많을 수도 또는 더 적을 수도 있다. 개인형 퇴직연금은 자영업자나 프리랜서도 가입할 수 있는 상품으로 퇴직 뒤 받은 퇴직금을 계속 운용할 수 있는 장점이 있다.

부모는 자녀가 퇴직연금을 현명하게 투자하도록 이끌어야 한다. 퇴직연금은 건드리지 않고 수십 년은 그대로 두는 것이 일반적이다. 이때 퇴직연금과 국세청에서 공식적으로 인정하는 은퇴 나이는 55세다. 20대 자녀는 은퇴할 때까지 시간이 충분하기 때문에 퇴직연금에 부은 돈으로 비용이 저렴한 인덱스펀드와 ETF 같은 주식 상품에 투자하는 것도 좋다. 일부 회사에서는 무료 투자 상담도 제공하고 있으니 퇴직연금의 투자 옵션을 선택하는 데 도움을 받을 수 있다. 투자를 시작하는 사람에게는 무척 유용한 상담이다. 하지만 자신이 다니는 회사의 주식을 구매하라고 제안받는다면 자녀에게 거절하라고 권하는 것이 좋다. 한 종목에, 그것도 자기가 다니는 회사 주식에 연금을 전부 투자하는 것은 리스크가 너무 크다. 만약 자사의 실적이 계속 떨어지면 직장은 물론 퇴직연금까지 위험해진다.

투자 옵션 중에 생애주기펀드(TDF)도 고려해 보자. TDF는 은퇴 시점을 목표로 잡고 생애 주기에 따라 상품 구성비를 주식에서 안전한 채권으로 이동하고, 투자자의 은퇴 시기가 가까이 다가오면 머니마켓펀드에 투자한다. TDF의 비용지급비율이 때로는 인덱스펀드보다 더 높을 때가 있다는 점에 주의하자. 최근의 평균치는 0.55퍼센트다.

채권에도 소액을 일부 투자하라

채권을 산다는 것은 기본적으로 그 채권을 발행한 기업, 정부 등의 기관에 정해진 기간 동안 돈을 빌려주는 것이다. 그 대신 채권 발행자는 이자를 지급한다. 이미 설명한 것처럼, 채권은 일반적으로 주식에 비해 수익이 적지만 리스크도 적다. 채권도 주식과 마찬가지로 펀드 상품으로 나온다. 채권 펀드를 선택할 때는 비용이 가장 적은 펀드를 선택하면 된다. 채권 펀드는 기간에 따라 장기, 중기, 단기 상품으로 나뉘는데 어떤 종류의 펀드를 선택하든 수수료가 평균치를 넘지 않는 게 좋다.

임금이 오르거나 상여금을 받거든 그 돈을 투자하라

우리는 가진 돈이 많아질수록 그만큼 더 소비하는 경향이 있다. 그런데 따져 보면 그저 임금이 올랐다고 해서 소비를 늘려야 할 이유는 전혀 없다. 행동경제학자 리처드 탈러Richard Thaler와 슐로모 베나치Shlomo Benartzi는 그들이 명명한 '스마트(미리 더 저축하기, SMarT: Save More Tomorrow)' 원칙에 따라 직장인들이 돈을 모으면 저축액이 급격히 늘어날 수 있음을 발견했다. 예를 들어 퇴직연금 계좌를 개설할 때 급여 인상 시에 일정 비율을 자동으로 인상하도록 사전에 설정해 두면 나중에 임금이 실제로 인상했을 때 퇴직연금 계좌에 불입하는 돈을 증액하려고 따로 심사숙고할 필요가 없다. 또 투자해야 할 돈을 계좌에 입금하기 전에 '탕진할 기회'도 주어지지 않는다. 자녀에게도 자신만의 '스마트 계획'을 실천하도록 격려하자. 직장 내에서 이런 계획을 실천하는 사람이 설령 혼자뿐이라 해도 개의치 말고 급여 인상분 전액 또는 일부를 퇴직연금 상품에 불입하도록 조언하라.

자녀가 꼭 지켜야 할
투자의 8가지 원칙

원칙 1 기본에 충실하라

　투자에 처음 발을 들인 사람은 매번 선택을 내릴 때마다 고민하고, 자기가 과연 최선의 결정을 내렸는지 스트레스를 받곤 한다. 하지만 그런 걱정은 할 필요가 없다. 퇴직연금계좌 보유자들을 대상으로 한 전미 경제연구소의 최근 연구 결과에 따르면, 투자에 대한 기본적인 지식을 갖춘 사람이 아무것도 모르는 사람보다 수익률이 25퍼센트 더 좋은 것으로 나타났다. 수익을 낸 이들은 투자의 명수가 아니라, 채권이나 현금보다 주식이 수익성이 좋다는 사실 정도를 이해하고 그 원칙에 따르는 이들이었다.

원칙 2 조급해하지 말라

인덱스펀드나 ETF에 돈을 넣은 다음 그 돈은 잊어라. 만약 이 전략을 따른다면 주식의 추이를 분석하며 평생을 보낸 전문 펀드매니저들보다 대체로 더 높은 수익률을 올릴 것이다. 실제로 어느 연구 결과에 따르면, 많은 투자자로 구성된 표본 집단에서 주식거래가 가장 많았던 20퍼센트는 주식거래가 가장 적었던 20퍼센트에 비해 수익이 38퍼센트나 떨어졌다.

원칙 3 수수료를 많이 내지 말라

수수료 이야기는 이제 지겨울 법도 하지만 한 번 더 계산해 보자. 예를 들어 비용 지급 비율이 1.5퍼센트인 펀드에 100만 원을 넣고, 동시에 0.2퍼센트밖에 하지 않는 펀드에 100만 원을 넣는다고 하자. 만약 30년 뒤에 두 펀드가 7퍼센트의 수익을 내면 첫 번째 펀드는 누적된 금액이 498만 원일 테고, 두 번째 펀드는 719만 원이 될 것이다. 수수료가 큰 문제가 되는 까닭이다.

원칙 4 따끈따끈한 정보에 현혹되지 말라

이를테면 가족 모임에서 삼촌이 반도체 부문의 어느 신생기업 주가가 곧 치솟을 것이라는 내부자 정보를 얻었다고 한다면, 그런 정보를 알려 줘서 감사하다고 인사하되 집으로 돌아가서 아무것도 하지 말라. 평범한 투자자에게 그런 정보가 있을 리가 없다. 그런 정보는 항상 월스트리트 거물들에게 제일 먼저 들어간다. 만약 삼촌만 알고 정말 아무도 모르는 정보라면, 그는 다음번 가족 모임에 나오는 대신 철창에 갇혀 있을 가능성이 높다. 진짜 내부자 정보를 유출했다면 그것은 불법이다.

원칙 5 되도록 많이 저축하고, 저축을 자동화하라

목돈을 모으려면 뛰어난 투자가가 되는 것이 제일이라고 사람들은 흔히 생각한다. 투자해서 돈을 모으는 것도 좋다. 하지만 아무리 운이 좋아도 종잣돈도 저축하지 않는 이들에게는 아무 의미가 없다. 퇴직연금 상품의 경우 일단 서명만 하면 자동으로 급여에서 돈이 빠져나간다. 우리 모두가 바라듯이 티끌이 모여 태산이 될 수 있는 상품이다.

원칙 6 분산투자가 중요하다

재차 강조하지만 주식 한 종목에 모든 것을 걸지 말고, 이를테면 인덱스펀드나 ETF에 투자하는 것이 좋다. 분산투자는 리스크를 줄이는 데 도움이 된다.

원칙 7 장기적 관점에서 접근하라

3년 뒤 집을 사기 위해 또는 몇 개월 뒤 결혼식을 올리려고 돈을 모으고 있다면, 그 돈은 예금계좌나 양도성예금증서, 머니마켓펀드 같은 안전한 곳에 두도록 하자. 그런 돈을 주식에 투자해 위태롭게 만들지 말라. 장기적으로는 주식이 다른 투자상품에 비해 수익이 더 높은 편이지만 변동성은 더 크다. 만약 돈이 꼭 필요한 시기에 시장이 잘못되면 그 돈을 잃을 수도 있다.

원칙8 글로벌하게 생각하라

그동안 해외 주식은 배포가 큰 사람들만 사고파는 위험성이 큰 상품으로 간주되었다. 하지만 이제는 아니다. 해외 인덱스펀드에 일부, 이를테면 전체 투자금액의 20퍼센트를 분산투자하는 것도 좋은 방법이다. 국내 주식시장에서 손해를 봐도 다른 나라 시장에서 만회할 수도 있기 때문이다.

함정을 피할 똑똑한 주관을
지녀야 하는 이유

고객들을 상대로 200억 달러 가까이 빼돌린 악명 높은 버나드 메이도프Bernard Madoff를 모르는 사람이 있을까 싶지만, 적잖은 젊은이들이 이 사실을 모르는 모양이다. 2014년 설문조사에 따르면 20대 투자자들 중 거의 절반이 메이도프가 누구인지 몰랐다. 이 소식을 들으니 걱정스럽다. 그가 저지른 짓은 모든 사람이 잊지 말아야 할 중요한 사건이다.

모든 사람이 투자 천재로 여겼던 메이도프는 사실상 고전적인 폰지 사기 수법을 사용해 수십 년에 걸쳐 사기를 쳤다. '폰지 사기'란 1920년대에 90일 만에 수익률 100퍼센트를 보장했던 사기꾼 찰스 폰지Charles Ponzi의 이름을 따서 붙인 명칭이다. 폰지와 마찬가지로 메이도프는 투자자들에게 돈을 벌게 해 주겠다고 장담하며 매년 10~12퍼센트의 수익률을 약속했다. 프린스턴대학교의 버튼 맬킬Burton Malkiel 교수가 정확히 지적했듯이 이게 아주 허황된 소리로 들리지 않았다는 게 문제다. 하지만 장기적으로 볼 때 주식 수익률은 인플레이션을 조정했을 때 연평균 7퍼센트 정도이고, 여기에는 매우 수익이 높았던 기간과 40퍼센트에 달하는 손실을 입은 기간이 함께 포함된다. 따라서 메이도프가 주장한 것처럼 금융 상품 하나로 매해 두 자릿수 수익률을 올린다고 보증할 수가 없는 일이다.

그는 신규 투자자들의 돈으로 기존 투자자들에게 돈을 지급하는 폰지 사기 수법으로 사기 행각을 유지했다. 기존 투자자들은 그들의 계좌에 들어오는 돈이 주식시장에서 얻은 수익이라고 믿었다. 기꺼이 돈을 맡기려는 투자자들만 많이 모집할 수 있었다면 메이도프의 이 사기극은 계속되었을 것이다.

메이도프의 수법이 특히 교묘했던 이유는 투자자들을 선별해 아무나 낄 수 없는 분위기를 조성했기 때문이다. 원칙적으로 이들 모임에 가입하려면 아는 사람을 통해서만 가능했고, 많은 이들이 가입을 거부당했다. 2008년에 그의 사기 행각이 드러났을 때 가입을 거절당한 많은 이들은 메이도프의 특별 회원이 되지 못했다는 사실을 비로소 기뻐했다.

메이도프 사건을 통해 우리는 잘 알면서도 자주 까먹는 사실을 다시 한번 확인할 수 있다. 믿기 힘들 만큼 좋은 조건이라면 실제로 거짓일 가능성이 높다는 점이다. 그렇다고 투자를 기피해야 한다는 말은 아니다. 제대로 된 투자 교육이 필요할 뿐이다.

감사의 글

　첫 번째로 우리 부모님께 감사의 말을 전하고 싶다. 두 분 모두 교육자로서 내게 1달러의 소중함과 함께 돈이 전부가 아니라는 교훈을 새겨 주셨다. 내게는 실로 값진 자산이다. 부모님이 아니었다면 오늘날의 나도 없었을 테고, 내가 좋은 부모가 되지도 못했을 테다. 두 분 모두 사랑합니다. 다음으로 내 형제들인 페리와 케네스에게 감사한다. 그들은 나와 더불어 오랜 전통을 자랑하는 우리 '코블리너 가문의 훈육 방식'을 배웠다.

　윌리엄 모리스 인데버매니지먼트 회사의 출판 대리인 수전 글룩에게 감사한다. 그녀는 매우 엄하면서도 현명하고 유쾌한 사람이다. 사이먼앤슈스터 출판사의 대표이자 나의 친구인 존 카프에게도 감사한다. 작가들이 함께 일하기를 바라는 꿈의 편집자이자이 책의 출판을 열성적으로 지지하며 내게 호의를 베풀어 준 프리스킬라 페인튼에게도 감사한다. 집필 과정 내내 나를 격려해 준 밀리센트 베넷에게도 감사한다. 특히, 레슬리 슈너, 프랜신 알매시, 찰스 아르다이, 제시카 애쉬브룩, 마리사 바르닥, 카렌 체니, 아리아나 초도시, 대니얼 클라로, 맥스 딕스타인, 린 골드너, 마조리 잉골, 제니퍼 잭, 마이클 캔토, 미리암 코블리너, 캐시 랜도, 카일 메링, 앨릭스 오닐, 발레리 포프, 재커리 포트, 에릭 프레츠펠더, 케이틀린 푸치오, 제프리 로터, 노아 숄닉, 케리 쇼, 마이클 스폴터, 줄리아 웨더렐에게도 감사하다는 말을 전하고 싶다. 새라 코토에게도 감사한다. 편집자로서 그녀가 지닌 탁월한 능력 덕분에 이 책이 출간될 수 있었다. 덧붙여 다재다능하면서도 일을 무척 효율적으로 처리하는 스콧 데시몬에게도 감사한다.

몇 년 전에 나의 사촌인 새나 패스먼과 그녀의 남편 돈에게 네 명의 자녀를 어떻게 그렇게 책임감 있고 훌륭한 청년들로 키울 수 있었는지 물었던 적이 있다. 새나는 어려움에 직면할 때마다 아이들 눈을 들여다보며 이렇게 말했다고 한다.

"네가 올바른 선택을 할 거라 믿어."

참으로 슬기로운 양육 방식이라고 생각했기 때문에 내 아이들에게 조언할 때도 항상 이 말을 기억한다.

내가 쓴 원고를 정말 아름답게 고쳐 준 레베카에게도 감사한다. 그녀는 정말 유쾌한 사람이다. 또 세 살 때는 금리를 비롯해 온갖 것에 대해 질문을 던지더니, 요즘에는 우리가 던지는 거의 모든

321

물음에 해답을 찾아 주는 애덤에게 감사한다. 지적 호기심과 근면함이라는 주제로 많은 사람에게 영감을 불어넣고 있는 제이콥에게도 감사한다.

마지막으로 내 평생의 친구이자 동반자인 데이비드에게 감사한다. 그는 모든 면에서 완벽한 사람이며, 세상에서 가장 훌륭한 남자다. 당신을 사랑합니다.

24yrs old

20yrs old

17yrs old

14yrs old

8yrs old

4yrs old

옮긴이 이주만

서강대학교 대학원 영어영문과를 졸업했으며, 현재 번역가들의 모임인 (주)바른번역의 회원으로 활동 중이다. 옮긴 책으로는 『끌림』, 『괴짜들의 비밀』, 『탈출하라』, 『다시, 그리스 신화 읽는 밤』, 『처음으로 기독교인이라 불렸던 사람들』, 『심플이 살린다』, 『회색 코뿔소가 온다』, 『사장의 질문』, 『다시 집으로』, 『경제학은 어떻게 내 삶을 움직이는가』, 『나는 즐라탄이다』, 『모방의 경제학』 등이 있다.

평범한 부모라서 가르쳐 주지 못한
6단계 경제 습관

아이를 위한 돈의 감각

초판 1쇄 인쇄 2020년 10월 14일
초판 1쇄 발행 2020년 10월 20일

지은이 베스 코블리너
옮긴이 이주만
펴낸이 김선식

경영총괄 김은영
책임편집 권예경 **디자인** 김누 **크로스교정** 조세현 **책임마케터** 기명리
콘텐츠개발7팀장 이여홍 **콘텐츠개발7팀** 김민정, 김누, 권예경
마케팅본부장 이주화
채널마케팅팀 최혜령, 권장규, 이고은, 박태준, 박지수, 기명리
미디어홍보팀 정명찬, 최두영, 허지호, 김은지, 박재연
저작권팀 한승빈, 김재원
경영관리본부 허대우, 하미선, 박상민, 김형준, 윤이경, 권송이, 이소희, 김재경, 최완규, 이우철

펴낸곳 다산북스 **출판등록** 2005년 12월 23일 제313-2005-00277호
주소 경기도 파주시 회동길 357 3층
전화 02-704-1724
팩스 02-703-2219 **이메일** dasanbooks@dasanbooks.com
홈페이지 www.dasanbooks.com **블로그** blog.naver.com/dasan_books
종이 ㈜한솔피앤에스 **출력·인쇄** 민언프린텍

ISBN 979-11-306-3199-8 13590

다산북스(DASANBOOKS)는 독자 여러분의 책에 관한 아이디어와 원고 투고를 기쁜 마음으로 기다리고 있습니다.
책 출간을 원하는 아이디어가 있으신 분은 다산북스 홈페이지 '투고원고'란으로 간단한 개요와 취지, 연락처 등을 보내주세요.
머뭇거리지 말고 문을 두드리세요.